高职计算机教学实践创新研究

罗卓君　邝月娟　欧阳炜昊 ◎ 著

黑龙江朝鲜民族出版社

图书在版编目（CIP）数据

高职计算机教学实践创新研究 / 罗卓君，邝月娟，
欧阳炜昊著. -- 哈尔滨：黑龙江朝鲜民族出版社，
2024. -- ISBN 978-7-5389-2900-3

Ⅰ. TP3

中国国家版本馆CIP数据核字第2025G4P253号

GAOZHI JISUANJI JIAOXUE SHIJIAN CHUANGXIN YANJIU

书　　名	高职计算机教学实践创新研究
著　　者	罗卓君　邝月娟　欧阳炜昊
责任编辑	朱英华
责任校对	姜哲勇
装帧设计	李光吉
出版发行	黑龙江朝鲜民族出版社
发行电话	0451-57364224
电子信箱	hcxmz@126.com
印　　刷	黑龙江天宇印务有限公司
开　　本	787mm×1092mm 1/16
印　　张	14.25
字　　数	260千字
版　　次	2024年12月第1版
印　　次	2025年2月第1次印刷
书　　号	ISBN 978-7-5389-2900-3
定　　价	57.00元

前　言

随着计算机技术与通信技术的飞速发展，人们的思想观念以及对人才的要求也随之发生了改变。计算机网络技术如今已经作为独立的学科，成为高校学生的必修课程。对计算机技术人才的要求早已不仅仅局限于简单的计算机操作，而是转向需要具备较强的计算机应用能力和创新能力的高素质人才。然而，当前高校的计算机教学出现矛盾的原因主要是学生的计算机水平参差不齐，而且所学的知识与当前社会生活以及工作实际要求相差甚远。

为了满足学生自身的发展和社会的需要，培养适应社会发展要求的高素质人才，当前高校的计算机教学模式和方法亟待改革和创新。把新技术与新应用融入高校计算机教学实践活动中，提高学生对于计算机网络技术的认知与应用，全面提高现代大学生的网络信息实践创新能力，是高校计算机教师应该认真思考与解决的问题。

为了确保研究内容的丰富性和多样性，在写作过程中参考了大量理论资料与研究文献，在此向相关专家学者表示衷心的感谢。

最后，由于作者水平有限，加之时间仓促，本书难免存在一些疏漏，在此，恳请同行专家和读者朋友批评指正！

目　录

第一章 高职计算机教学概述

第一节 高职计算机课程的教学现状

高职计算机课程教学是高职人才培养工作的有机组成部分，经过多年的发展与建设，我国高职计算机课程建设取得的成绩有目共睹。为适应信息时代发展与建设的需要，我国高职把计算机技术基础课程作为通识教育必修课，面向非计算机专业学生开设，有效地提升了学生的信息技术水平和相关技能。大多数高职开设了计算机相关专业，组织实施专业教学，培养了大量计算机技术领域的高素质专门人才。很多高职还为非计算机专业学生开设了动画制作、图像处理、数据库等通识教育选修课程，极大地满足了不同专业学生对于信息技术的个性化需求，调动了学生学习计算机课程的积极性，培养了学生对于信息技术的兴趣，很好地落实了"因材施教""促进学生全面发展"的教育理念与教育方针。但同时，高职计算机课程仍存在许多问题。

一、受传统教学模式的影响，陈旧性仍然存在

计算机课程具有知识点多、抽象、难以理解的特点，而且具有较强的课程实践性。传统的课堂教学模式以教师为教学中心，学生在课堂教学中的主体作用往往被忽视了，师生之间缺少互动与交流。这样的传统课程教学模式难以培养学生的学习兴趣以及激发学生的学习热情，对于创新型人才的培养也是非常不利的。

二、实践教学环节没有得到重视

计算机课程具有很强的实践性与操作性。计算机课程的实验项目又具有内容随意性大、实验操作缺乏系统性、不具有标准模式等特点，导致理论知识与实践技能环节脱节。当前各高职计算机课程的实验教学环境与设施配比仍然没有达到规定的标准，个别参与计算机教学实验环节的教师存在缺乏实践性教学经验的问题。

三、教学体系不完善

计算机信息技术的发展革新速度非常快，使得高职计算机课程教学体系，包括教材内容及教学方式等缺乏应用性、操作性和创新性。教材的换代和书本知识的更新赶不上新技术的发展速度与变化程度，计算机课程的教学也就容易偏离培养方向。部分教师的教学模式过于强调计算机技术的原理，而没有考虑到实际情况的局限性，这就使得学生掌握的计算机知识无法真正地应用于现实的工作生活之中。这样不仅满足不了学生创造能力的培养需要，而且无法满足服务社会的需求，更不利于国家的进步与发展。

四、教学中存在的不足之处

计算机已经成为人们生活和工作中必不可少的一部分，计算机基础作为教育体系的重要组成部分，在高职教学活动中有着重要的地位。然而，由于受到多方面因素的影响，在高职计算机教学活动的开展过程中，仍然存在着一些不足之处，阻碍了计算机教学改革的进程。主要体现在以下几个方面：

（一）教材的更新速度较慢

如今，科学技术的发展速度飞快，计算机应用软件的更新速度也十分惊人，电脑已经成为家庭中的必备品，学生虽然或多或少地掌握一些简单的计算机操作技巧，但是在系统的理论学习方面仍然离不开学校教学。而部分高等院校的计算机教材却无法适应计算机技术快速发展的趋势，表现出一定的滞后性。

（二）教学内容设置不合理

在教学内容设置方面，显著的问题包括：一方面，教学内容不能与社会需求相匹配。教师在进行教学内容的设置时，通常都没有经过一定的调查研究，而仅仅根据自己的教学经验和教学大纲的需要进行设置，导致学生进入工作岗位之后，无法快速适应岗位需要；另一方面，教学内容不能为学生创造足够的操作空间。部分高职重视理论课程的建设，在进行教学内容设置时将更多的课时安排在理论教学方面，而忽视了学生实践操作能力的培养。

（三）教学手段单一

计算机学科与其他基础学科不同，除了理论教学之外，计算机课程更加注重理论与实践的有效结合。在教学过程中，教师不仅要帮助学生构建一个完善的计算机理论知识体系，而且要注重培养学生的实践操作能力，用理论指导实践，以实践检验理论。但是在具体的教学活动中，部分教师缺乏先进的教学手段，过于依赖单一的课堂讲授模式。

（四）教学资源不够丰富

在计算机基础课程的教学方面，很多高职都实现了一体化教学模式，但是由于缺乏教学资源，课程教学质量受到影响。如计算机多媒体课件的制作内容上，除了教材中的内容，其他方面的素材较少，不利于学生实践能力的培养。

第二节　高职计算机教学培养体系概述

一、现状综述

计算机专业是我国高职的热门专业，企业对计算机人才的需求量也很大，但是多数用人单位却难以找到符合岗位需求的人才。与此同时，计算机技术在社会中的广泛应用不断拓展，使得高职院校培养的计算机人才无法填补市场经济发展的空缺。因此，高职应采取相应的措施改善教学现状，以提高计算机专业人才的综合素质，满足社会对计算机专业人才的需要，促进社会经济的发展。

二、当前计算机能力培养体系

（一）软件开发能力培养

1. 概述

软件开发能力培养课程是以培养学生的软件开发能力为主的理论与实践相融通的综合性训练课程。课程以软件项目开发为背景，通过与课程理论内容教学相结合的综合训练，使学生进一步理解和掌握软件开发模型、软件生存周期、软件过程等重要理论在软件项目开发过程中的意义和作用，培养学生按照软件工程的原理、方法、技术、标准和规范进行软件开发的能力；培养学生的合作意识和团队精神；培养学生的技术文档编写能力，提高学生软件工程实践的综合能力。

2. 相关理论知识

软件开发涉及的相关理论知识点主要包括：软件生存期模型；主流软件开发方法；问题的定义与系统可行性调研；系统需求分析的方法与任务；结构化需求分析的图形描述；加工逻辑的描述；结构化系统设计方法与任务、基本的设计策略及不同类型内聚和耦合的特点；系统结构图的基本画法及系统结构的改进原则；面向对象分析、面向对象设计的基本概念；构建对象模型图、事件跟踪图；软件测试的常用方法；测试用例的设计。

3. 综合训练内容

综合训练一般由 2~4 名学生组成一个项目开发小组，选择题目进行软件设计与开发。具体训练内容如下：

熟练掌握常用的软件分析与设计方法，至少使用一种主流开发方法构建系统的分析与设计模型；熟练运用各种工具绘制系统流程图、数据流图、系统结构图和功能模型；理解并掌握软件测试的概念与方法，至少学会使用一种测试方法完成测试案例的设计；分析系统的数据实体，建立系统的实体关系图，并设计出相应的数据库表或数据字典；规范地编写软件开发阶段所需的主要文档；学会使用目前流行的软件开发工具，各组独立完成所选项目的开发工作，实现项目要求的主要功能；每组提交一份课程设计报告。

（二）系统集成能力培养

1. 相关理论知识

（1）网络基本原理；

（2）网络应用技术；

（3）系统工程中网络设备的工作原理和工作方法；

（4）系统集成工程中网络设备的配置、管理、维护方法；

（5）计算机硬件的基本工作原理和编程技术；

（6）系统集成的组网方案；

（7）综合布线系统；

（8）故障检测和排除；

（9）网络安全技术；

（10）应用服务子系统的工作原理和配置方法。

2. 综合训练内容

综合训练课程要求学生结合企业实际的系统集成项目完成实际管理，并加强综合集成能力。由2~4名学生组成一个项目开发小组，结合企业的实际情况完成以下内容：

（1）网络原理和网络工程基础知识的培训与现场参观；

（2）网络设备的配置管理；

（3）综合布线系统；

（4）远程接入网配置；

（5）计算机操作系统管理；

（6）计算机硬件管理和监控；

（7）外联网互联；

（8）故障检测与排除；

（9）网络工程与企业网设计；

（10）规范地编写系统集成各阶段所需的文档（投标书、可行性研究报告、系统需求说明书、网络设计说明书、用户手册、网络工程开发总结报告等）；

（11）每组提交一份综合课程训练报告。

（三）信息技术应用能力（软件测试）培养

1. 相关理论知识

（1）软件测试理论基础；

（2）测试计划；

（3）测试方法及流程；

（4）软件测试过程；

（5）代码检查和评审；

（6）覆盖率和功能测试；

（7）单元测试和集成测试；

（8）系统测试；

（9）软件性能测试和可靠性测试；

（10）面向对象软件测试；

（11）Web 应用测试；

（12）软件测试自动化；

（13）软件测试过程管理；

（14）软件测试的标准和文档。

2. 综合训练内容

由 2~4 名学生组成一个项目开发小组，选择题目进行软件测试。具体训练内容如下：

（1）理解并掌握软件测试的概念与方法。

（2）掌握软件功能需求分析、测试环境需求分析、测试资源需求分析等基本分析方法，并撰写相应文档。

（3）根据实际项目需要编写测试计划。

（4）根据项目具体要求完成测试设计，针对不同测试单元完成测试用例编写和测试场景设计。

（5）根据不同软件产品的要求完成测试环境的搭建。

（6）完成软件测试各阶段文档的撰写，主要包括测试计划文档、测试用例规格文档、测试过程规格文档、测试记录报告、测试分析及总结报告等。

（7）利用目前流行的测试工具实现测试的执行和测试记录。

（8）每组提交一份综合课程训练报告。

（四）计算机工程能力培养

1. 概述

本课程要求学生结合计算机工程方向的知识领域设计和构建计算机系统，包括硬件、软件和通信技术，能参与设计小型计算机工程项目，完成实际开发、管理与维护。学生在该综合实践课程上要学习计算机、通信系统、含有计算机设备的数字硬件系统设计，并掌握基于这些设备的软件开发。本综合训练课程培养学生如下素质能力：

（1）系统功能视角的能力。熟悉计算机系统原理、系统硬件和软件的设计、系统构造和分析过程，要理解系统如何运行，而不是仅仅知道系统能做什么和使用方法等外部特性。

（2）设计能力。学生应该经历一个完整的设计过程，包括硬件和软件的内容。

（3）工具使用的能力。学生能够使用各种基于计算机的工具、实验室工具来分析和设计计算机系统，包括软硬件两方面。

（4）团队沟通能力。学生应团结协作，以恰当的形式（书面、口头、图形）来交流工作，并能对组员的工作做出评价。建议本训练课程在4周内完成。

2. 相关理论知识

（1）计算机体系结构与组织的基本理论；

（2）电路分析、模拟数字电路技术的基本理论；

（3）计算机硬件技术（计算机原理、微机原理与接口、嵌入式系统）的基本理论；

（4）汇编语言程序设计基础知识；

（5）嵌入式操作系统的基本知识；

（6）网络环境等知识；

（7）网络环境下的数据信息存储知识。

3. 综合训练内容

综合实践课程将对计算机工程所涉及的基础理论、应用技术进行综合讲授，使学生结合实际网络环境和现有实验设备掌握计算机硬件技术的设计与实现；可以完成汇编语言程序设计的计算机底层编程，并能按照软件工程学思想进行软件程序开发、数据库设计；能够基于网络环境，进行信息传输，排查网络故障。

由 3 或 4 人组成一个项目开发小组，结合实际应用进行设计，具体训练内容如下：

（1）基于常用的综合实验平台完成计算机基本功能的设计，并与电脑进行网络通信，实现信息（机器代码）传输；

（2）对计算机硬件进行管理和监控；

（3）熟悉常用的实验模拟器及嵌入式开发环境；

（4）至少完成一个基于嵌入式操作系统的应用，如网络摄像头应用设计等；

（5）对网络摄像头采集的视频信息进行传输、压缩（可选）；

（6）对网络环境进行常规管理，即对网络操作系统的管理与维护；

（7）每组提交一份系统需求说明书、系统设计报告和综合课程训练报告。

（五）计算机工程项目管理能力培养

1. 概述

计算机工程项目管理能力培养课程是以培养学生项目管理综合能力为主的理论与实践相融通的综合训练课程。课程以实际企业的软件项目开发为背景，使学生体验项目管理的内容与过程，培养学生参与实际工作中项目管理与实施的应对能力。

2. 相关理论知识

（1）项目管理的知识体系及项目管理过程；

（2）合同管理和需求管理的内容、控制需求的方法；

（3）任务分解方法和过程；

（4）成本估算过程及控制、成本估算方法及误差度；

（5）项目进度估算方法、项目进度计划的编制方法；

（6）质量控制技术、质量计划制订；

（7）软件项目配置管理（配置计划的制订、配置状态统计、配置审计、配置管理中的度量）；

（8）项目风险管理（风险管理计划的编制、风险识别）；

（9）项目集成管理（集成管理计划的编制）；

（10）项目团队与沟通管理；

（11）项目的跟踪、控制与项目评审；

（12）项目结束计划的编制。

3.综合训练内容

选择一个能够为学生所理解的中小型系统作为背景，进行项目管理训练。学生可以由 2 或 3 人组成项目小组，并任命项目经理。具体训练内容如下：

（1）根据系统涉及的内容撰写项目标书。

（2）通过与用户（可以是指导教师或企业技术人员）沟通，完成项目合同书、需求规格说明书的编制；进行确定评审；负责需求变更控制。

（3）学会从实际项目中分解任务，并符合任务分解的要求。

（4）在正确分解项目任务的基础上，按照软件工程师的平均成本、平均开发进度，估算项目的规模和成本、编制项目进度计划，绘制"甘特图"。

（5）在项目进度计划的基础上，利用测试和评审两种方式编制质量管理计划。

（6）掌握版本控制技能。

（7）通过项目集成管理能够将前期的各项计划集成在一个综合计划中。

（8）能够针对需求管理计划、进度计划、成本计划、质量计划、风险控制计划进行评估，检查计划的执行效果。

（9）能够针对项目的内容编写项目验收计划和验收报告。

（10）规范地编写项目管理所需的主要文档：项目标书、项目合同书、项目管理总结报告。

（11）每组提交一份综合课程训练报告。

第三节　高职计算机学生培养方向概述

一、高职教育人才培养的共同特征

（一）适应经济发展，培养急需人才

科学技术发展、产业结构调整、经济发展转型、劳动组织形态变革等使经济建设和社会发展对人力资源需求呈现多样化状态。目前，我国经济社会发展急需大量的高职人才。因此，高等教育必须适应经济社会发展，为行业、企业培养各类急需人才。高职教育要透彻了解区域和地方（行业）经济发展现状与趋势，充分把握人才需求新特征，在此基础上，科学定位高职人才的培养目标。

（二）学科、产学研两个基础相互融通、结合

"学科"在本科教育的专业建设与人才培养中起着非常重要的作用。由培养目标决定的高职教育的理论课程应具有一定的系统性、完整性，因此高职教育是以学科为基础的。但理论知识的系统性与学术水平不应单纯指向以科学研究为目的的学科体系，而应更多地指向以应用为目的的学科体系，以对能力培养起到理论支撑作用。因此，在应用型大学建设中，既要重视专业建设，也要重视学科建设；既要重视专业教师队伍的建设，也要重视学科团队的建设，努力开展科学研究、技术创新和各类学术活动。

产学合作、产学研结合是高职人才培养的基础之一和必然途径，它包括以下内容：注重产学研相结合、产学合作教育和在实战中培养应用能力；紧密依托行业、企业和当地政府，建立高职和产业界互利互惠的合作机制，研究和实践各种产学合作教育形式；充分利用企业的人才、管理、设备与技术优势，建立产学合作的企业实习基地、培训中心和产学研相结合的研究基地；开展应用型科研，解决生产中的实际问题，为区域经济发展做贡献，进一步推动产业发展。

在学科建设中，要注意突出应用型，建设应用型学科。学术研究要注重承担来自生产服务第一线的应用型课题，以及来自行业、企业的横向课题；学术研究的形式应以产学研相结合为主。应用型大学的教授应该既善于解决行业、企业的技术难题，主动为生产第一线提供服务，也应该是技术开发和技术创新

的高手，在推动地方或行业经济发展中起重要作用。

（三）人才培养性质以专业教育为主

现代高职人才所具备的能力应是与将要从事的应用型工作相关的综合性应用能力，即集理论知识、专项技能及基本素质于一体，解决实际问题的能力。这种能力培养的主要途径是专业教育。以能力培养为核心的专业教育体现在三个层面：第一，坚持"面向应用"建设专业，依据地方经济社会发展提炼产业、行业需求，形成专业结构体系；第二，坚持"以能力培养为核心"设计课程，课程体系、课程内容、课程形式的设计和构架都要以综合性应用能力培养为轴心，且打破理论先于实践的传统课程设计思路；第三，贯彻"做中学"的教学理念，要确立教学过程中学生的主体地位，学生要亲自动手实践，在工作场所中学习掌握实际工作技能和养成职业素养。

二、构建中国特色的高职教育人才培养模式

（一）明确培养目标，满足就业需要

培养目标是人才培养模式的核心要素，是人才培养活动的起点和归宿，是开放的区域经济与社会发展对新的本科人才的需求，要做到"立足地方、服务地方"。专业设置和培养目标的制定要进行详细的市场调查和论证，既要有针对性，使培养的人才符合需要，也要具有一定的前瞻性和持续性，尽量避免随着市场变化频繁调整目标。高职教育与学术性本科教育的根本区别在于培养目标的不同，明确高职教育培养目标是培养应用型人才的首要且关键任务，其内容主要有两个方面：一是明确人才培养类型的指向定位；二是明确这类人才的基本规格和质量。

确定高职教育培养目标的出发点是区域经济和社会发展对人才需求的新趋势。一方面，科技发展推动职业岗位知识和技术含量提升，对人才的学历要求随之提升；另一方面，科技发展和市场经济转型催生出了新的职业岗位，特别是复合型职业岗位的大量出现，对一线工作的本科人才的需求越来越多，这类满足社会经济发展需要的，在生产、建设、管理、服务第一线工作的高级应用型专业人才是高职教育培养目标的类型定位。关于高职教育培养目标的基本规格，仍可以由本科教育改革中所共识的知识、能力、素质三要素标准来界定，但其区别在于三要素内涵的不同，体现在应用型上：学科理论基础更加扎实；

经验性知识和工作过程知识不可忽视；职业道德和专业素质的养成更加突出；应用能力和关键能力培养同等重要。

（二）高职教育人才培养特色

1. 以应用为导向

以应用为导向就是以需求为导向，以市场为导向，以就业为导向。"应用"是在对其高度概括的基础上，考虑技术、市场的发展，以及学生自身的发展可能产生的新需求，而形成的面向专业的教育教学需求。在高职教育中，"应用"的导向表现在五个方面：

第一，专业设置面向区域和地方（行业）经济社会发展的人才需求，尤其是对一线本科层次的人才需求。

第二，培养目标定位和规格，确定满足用人部门的需求。

第三，课程设计以应用能力为起点，将应用能力的特征指标转换成教学内容。

第四，设计以培养综合应用能力为目标的综合性课程，使课程体系和课程内容与实际应用较好衔接。

第五，教学过程设计、教学方法和考核方法的选择以掌握应用能力为标准。

2. 以学科为支撑

以学科为支撑是指学科是专业建设的基础，起支撑作用，专业要依托学科进行建设。学科支撑在专业建设与人才培养中体现为以下四个方面：

第一，以应用型学科为基础的课程建设，开发以应用理论为基础的专业课程。

第二，以应用型学科为基础的教学资源建设，为理论课程提供应用案例的支撑，为综合性课程提供实践项目或实际任务的支撑，为毕业设计与因材施教提供应用研究课题和环境的支撑。

第三，引领专业发展，从学科前沿对应用产生引领作用的角度，为专业发展提供新的应用方向。

第四，为产学合作创设互利的基础与环境，通过解决生产难题、开发创新技术，以应用型学科建设的实力为行业、企业服务。

3. 以应用能力培养为核心

以应用能力培养为核心构建高职人才培养模式的原则，既是应用型专业建设的理念，也是处理实际问题的原则。面向应用和依托学科是构建高职人才培养模式必须同时遵循的两个重要原则。但在实际中，由于学制范围相对固定，如何协调二者关系，做到既突出面向应用，又强调依托学科，往往成为制订人才培养方案的难点和关键点。以应用能力培养为核心主要体现在以下四个方面：

（1）建设好支撑应用能力培养的公共基础和专业基础课程平台

应用型教育的学科指应用型学科。应建构一组具有应用型教育特色的学科基础课程，课程内容应遵循应用型学科的逻辑。还可以针对不同专业学科门类，进一步建构模块化的应用型学科基础课程体系。

（2）将应用能力培养贯穿于专业教学全过程

应用能力指雇主需要的能力、学生职业生涯发展的能力等。能力培养要遵循"理论是实践的背景"和"做中学"的教育理念，将应用能力培养贯穿于专业教学全过程。

（3）按理论与实践相融合的应用型课程原则设计好专业课程

改革课程设计思想和教学方法，整合课程体系，设计课程内容，构建新的课程形式，使理论与实践相融合，实现应用导向和学科依托在课程设计中目标指向一致。

（4）全面职业素质教育是重要方面

专业教育是针对社会分工的教育，以实现人的社会价值为取向。通识教育注重培养学生的科学与人文素质，拓展人的思维方式。高职教育具有专业教育性质，应更多地考虑生产服务一线的实际要求，突出应用能力的培养。同时，也要注重培养学生的职业道德和人格品质，使学生成为高素质的应用型人才。素质的获取不是传授，也不是培训，而是贯穿于人才培养全过程。因此，素质教育不能依靠课堂教学，而是在培养过程中养成环境的创设和教育设计。

4. 坚持课程建设改革与创新

高职教学改革必须坚持课程建设改革与创新。高职教育的课程从性质上大体可以分为三类：理论课程、实践课程、理论与实践一体化课程（也称为综合性课程）。

实践课程包括实验、试验、实习、训练、课程设计、毕业设计等多个具体的教学环节。每个环节对学生培养的目的不同，如实验侧重验证和加强理论知识的掌握，培养学生的研究、设计能力；训练是一种规范的掌握技术的实践教学环节。学术性高等教育更重视实验，实验教学是主要的实践教学内容，而高职教育的实践教学呈多样化状态，尤其重视训练环节，包括技术训练、工程训练等，以提高学生的实际应用能力。

现实工作中遇到的问题往往是综合性的，因此综合应用能力是应用型人才必备的重要能力。高职教育在人才培养过程中需要开设基于综合应用能力和综合职业素质培养的综合性课程。这种综合性课程的内涵体现在以下六个方面：

第一，综合性课程教学方案需要校企合作共同设计，满足企业现行技术和相应综合应用能力的需求。

第二，综合性课程要以提高学生综合应用能力为核心，以提高学生的实践能力和分析、解决问题的能力为出发点。

第三，要力争在真实环境中实施综合性课程教学，或者在仿真环境的校内实践教学基地实施，以使学生适应未来从学校到工作环境的转变，能够很快进入工作状态。

第四，要开发出反映企业主流技术的典型综合性项目和相关教学方案，建设开发运用综合性课程教材、实践指导书等教学资源。

第五，综合性课程以项目式教学为主，更多地引入来自行业、企业的真实项目。

第六，综合性课程强调"教、学、做"合一的教学模式。

高职教育的理论课程在名称上与学术性教育的理论课程可能相同或相近，但内容和重点有所不同，需要进行课程改革。在课程性质上，实践训练课程、理论与实践一体化课程在课程目标、内容、难度等方面应有较大提升，为适应高职的培养目标，高职教育需要进行课程创新。

5. 教学过程启发式，体现"做中学"理念

适应高职教育、改革教学方法是实现课程目标和激发学生学习积极性的重要举措。知识传授是本科教学的重要内容，因此，传统的讲授方法依然占据重要地位，但是在知识的传授中要强调采用启发式的教学法，以引导学生思考问题，主动学习。同时，高职教育主要强调对实际工作的适应性和创造性，强调实际工作平台上的经验、技能和知识的协调统一性，培养重点在于应用能力和

建构能力的提升。

启发式和行动导向的教学法是高职教育采用的主要教学方法。在理论课程教学中，应改变传授式的教学方法，采用启发式的教学方法，从案例入手，引导学生思考问题，使学生学会解决问题的逻辑过程和思维方式。行动导向教学法强调教学活动中由师生共同确定的实践教学行动引导教学过程，学生通过主动参与式的学习达到应用能力的提高。项目教学、模拟教学、问题导向的教学、基于现场的教学等都是体现"做中学"理念并经实践证明比较成功的教学方法的改革方向。

6. 加强对应用能力的评价与考核

以能力培养为核心的高职教育需从全面考评学生知识、能力和素质出发，进行考核方式方法的改革，注重对学生学习过程的评价，把过程评价作为评定课程成绩的重要部分。同时要采用多种考核方式，如实习报告、调研报告、企业评定、证书置换、口试答辩等综合能力考核方式，配合书面考试，使考试能够促进教学质量的提高和应用型人才的成长。

7. 激励人人成才

高职人才培养模式构架中很重要的一点是如何看待学生，即高职教育的学生观。高职教育要树立大众化高等教育阶段"激励人人成才、培育专业精英"的人才观。要把那些人生目标不同、志趣不同、不想从事学术性工作的学生，培养成适应不同工作岗位的应用型专业人才，指导高职教育的育人工作。

8. 设置新的高职教师标准

学术性教育强调学科教育。分析课程和教学是学术性教育的重要内容，也是科学研究所需要的基本能力。

高职教育的课程设置呈多元化，往往更强调综合性教学和理论与实践一体化课程、训练性课程等的开设。因此，高职教师标准与能力要求和课程设置一样，也要呈现多元化趋势。

高职教学团队既包括能从事学术性教育的教师，也包括具有行业、企业等实际工作经验的教师，尤其是对骨干教师的个人能力而言，要求具有与培养目标和规格相一致的能力。因此，针对高职教育的特点，设置新的教师标准十分必要。

三、计算机科学与技术专业高职人才知识和能力体系

计算机科学与技术专业高职人才知识和能力体系主要包括专业核心知识领域和专业实践教学体系，目的是在打好学科理论基础的同时，提高学生的应用能力和综合素质。其中，专业核心知识领域分为八个部分，包括六十三个知识单元；专业实践教学体系分为两个部分，第一部分主要由五类应用技能构成，包含二十三个实践单元，第二部分针对软件开发能力、系统集成能力、信息技术应用能力（软件测试）、计算机工程能力和项目管理能力的培养，设计了五类综合训练课程。各学校应根据各自人才培养方案的具体学时安排，对所列出的知识单元、实践单元和综合训练课程进行选择。

第四节　高职计算机学生培养目标概述

对计算机人才的需求是由社会发展大环境决定的，我国的信息化进程对计算机人才的需求产生了重要的影响。信息化发展必然需要大量计算机人才。因此，计算机专业应用型人才的培养目标和人才规范的制定必须与社会的需求和我国信息化进程结合起来。

一、信息社会对计算机专业高职人才的需求

由于信息化进程的推进及发展，计算机学科已经成为一门基础技术学科，在科技发展中占有重要地位。通过对我国若干企业和研究单位的调查，信息社会对计算机及其相关领域应用型人才的需求如下。

（一）计算机应用型人才的培养应与社会需求的金字塔结构相一致

国家和社会对计算机专业本科生的人才需求，必然与国家信息化的目标、进程密切相关。计算机人才培养应当呈金字塔结构。在这种结构中，研究型的专门人才（在攻读更高学位后）主要从事计算机基础理论、新一代计算机及其软件核心技术与产品等方面的研究工作。对他们的基本要求是具备创新意识和创新能力。

对于应用型人才的专门培养正是计算机专业高职教育的培养目标。目前，其市场需求可以分为两大类：政府与一般企业对人才的需求和计算机软硬件企业对人才的需求。计算机本科应用型人才首先应该能够成为普通基层编程人员，通过一段时间的锻炼，应该能够成为软件设计工程师、软件系统测试工程师、数据库开发工程师、网络工程师、硬件维护工程师、信息安全工程师、网站建设与网页设计工程师，部分人员通过长期的锻炼和实践能够成为系统分析师。

（二）信息化社会对研究型人才和工程型人才的需求

从国家的根本利益来考虑，必然要有一支计算机基础理论与核心技术的创新研究队伍，需要高等学校计算机专业培养相应的研究型人才，而国内的大部分互联网技术企业都把满足国家信息化的需求作为本企业产品的主要发展方向。这些用人单位需要高等学校计算机专业培养的是工程型人才。

（三）计算机市场对计算机应用型人才的需求

计算机市场由硬件、软件和信息服务市场构成。其中，计算机硬件市场由主机、外部设备、应用产品、网络产品和零配件及耗材市场五部分构成；软件市场由平台软件、中间软件和应用软件三部分构成；信息服务市场分为软件支持与服务、硬件支持与服务、专业服务和网络服务四部分。计算机高职人才的培养层次结构、就业去向、能力与素质等方面的具体要求要符合计算机市场的需求。

（四）信息社会对复合型计算机人才的需求

在当今的高度信息化社会中，经济社会的发展对计算机专业人才需求量最大的是复合型计算机人才。对于复合型计算机人才的培养一方面要求毕业生具有很强的专业工程实践能力，另一方面要求其知识结构具有复合性，即能体现出计算机专业与其他专业领域相关学科的复合。

（五）对计算机人才的素质教育需求

以自主学习能力为代表的发展潜力，是用人单位最关注的素质之一。企业要求人才能够学习他人长处，弥补自己的不足，增强个人能力和素质。

（六）信息社会需要培养出能够理论联系实际的人才

目前计算机专业的基础理论课程比重并不小，但由于学生不了解其作用，部分教师没有将理论与实际结合的方法与手段传授给学生，致使一部分在校学生不重视基础理论课程的学习。同时在校学生的实际动手能力亟待大幅度提高，必须培养出能够理论联系实际的人才，才能有效地满足社会的需求。

二、专业培养目标和人才规格

人才培养目标指向是应用型高等教育和学术型高等教育的关键区别，其基本定位、规格要求和质量标准应该以经济社会发展、市场需求、就业需要为基本出发点。

（一）应用型人才培养目标

计算机科学与技术专业应用型人才培养目标可表述如下：

本专业培养面向社会发展和经济建设事业第一线需要的，德、智、体、美全面发展，知识、能力、素质协调统一，具有解决计算机应用领域实际问题能力的高级应用型专门人才。

本专业培养的学生应具有一定的独立获取知识和综合运用知识的能力，较强的计算机应用能力、软件开发能力、软件工程能力、计算机工程能力；能在计算机应用领域从事软件开发、数据库应用、系统集成、软件测试、软硬件产品技术支持和信息服务等方面的技术工作。

（二）人才培养规格

高职专业培养的人才应具有计算机科学与技术专业基本知识、基本理论，较强的专业应用能力，以及良好的职业素质。

三、应用型人才能力需求层次、方向模型

对计算机专业应用型人才能力培养目标的设定，需要以提高人才能力需求的层次作为基础依据，人才能力需求层次又将决定专业方向模型，其设定在很大程度上影响着对人才的培养。高职教育的培养要求是使学生毕业时具有独立工作能力，即学校在进行人才培养前首先要对人才市场需求进行分析，依据市场确定人才所需要的能力。高职教育应将能力培养渗透到课程模式的各个环节，以学科知识为基础，以工作过程性知识为重点，以素质教育为取向，以提高毕业生实际工作能力为宗旨。

在计算机人才的金字塔结构中，最上层的研究型人才注重理论研究，而从事工程型工作的人才注重工程开发与实现，从事应用型工作的人才更注重软件支持与服务、硬件支持与服务、专业服务、网络服务、信息安全保障、信息系统工程监理、信息系统运行维护等技术工作。结合高职的特点，人才能力需求层次的划分应涉及工程型工作的部分内容和应用型工作的全部内容，其层次分为获取知识的能力、基本学科能力、系统能力和创新能力。

可以看出，对毕业生最基本的要求是获取知识的能力，其中自学能力、信息获取能力、表达和沟通能力都不可缺少，这也是成为"人才"的最基本条件。学校在制订教学计划时，更应该注重学生基本学科能力的培养，这是不同专业教学计划的重要体现。基本学科能力的培养要靠特色明显的系列课程实现应用型人才所具备的能力和素质培养的目标。

之所以将系统能力作为人才能力需求的一个层次划分，是因为系统能力代表着更高一级的能力水平，这是由计算机学科发展决定的。计算机应用现已从单一具体问题求解发展到对一类问题求解，正是这个原因，计算机市场更渴望学生拥有系统能力，这里包括系统眼光、系统观念、不同级别的抽象等能力。基本学科能力是系统能力的基础，系统能力要求工作人员从全局出发看问题、分析问题和解决问题。系统设计的方法有很多种，常用的有自底向上、自顶向下、分治法、模块法等。以自顶向下的基本思想为例，这是系统设计的重要思想之一，让学生分层次考虑问题、精益求精；鼓励学生由简到繁，实现较复杂的程序设计；结合知识领域内容的教学工作，指导学生在学习实践过程中把握系统的总体结构，努力提升学生的眼光，实现让学生从系统级上对算法和程序进行再认识。

创新能力来自不断发问的能力和坚持不懈的精神。创新能力是在一定知识积累和开发管理经验的基础上，通过实践、启发而得到的技能。创新的首要条件是解放自己，因为一切创造力都根源于人潜在能力的发挥，所以创新能力是在获得知识能力、基本学科能力、系统能力之上。一个企业的发展必须有一个充满创新能力并且团结协作的团队。

高职必须吸纳学术性本科教育和高等职业教育的特点，即在人才培养上，既要打好专业理论基础，又要突出实际工作能力的培养。因此，计算机科学与技术专业高职教育应根据学科基础、产业发展和市场人才需求确定计算机科学与技术专业应用型人才培养目标，探索新的人才培养模式，建立符合计算机应用型人才培养目标的机制，以解决共同面临的教学改革问题。

四、以专业规范为基础的教学改革

（一）突出应用型人才培养目标的指向性

根据高职教育人才培养模式中以应用为导向、以学科为基础、以应用能力培养为核心、以素质教育为重要方面的四条建构原则，在专业教学改革中必须强调：计算机科学与技术专业应以培养高职人才为主，应用型人才是我国经济社会发展需要的一类新的本科人才，其培养目标的设计要具有这类新的本科人才的类型特征。在人才的培养规格、专业能力和工作岗位指向等方面要有别于学术型人才的培养目标。

为了突出应用型人才培养目标的指向性，应用型教育本科层次的培养目标应定位于满足经济社会发展需要的，在生产、建设、管理、服务第一线工作的高级应用型专门人才，即计算机科学与技术专业应用型人才培养方案的培养目标应明确表述为：本专业培养德、智、体、美全面发展的，面向地方社会发展和经济建设事业第一线，具有计算机专业基本技能和专业核心应用能力的高级应用型专门人才。

（二）设计应用型人才培养规格

计算机本科专业下设四个专业方向：计算机科学、计算机工程、软件工程和信息技术。鉴于高职侧重于培养技术应用型人才的特点，考虑计算机科学与技术专业设置计算机工程、软件工程和信息技术三个专业，其人才培养规格为：具有扎实的自然科学基础知识，较好的经济管理基础、人力社会科学基础和外语应用能力；具备计算机科学与技术专业基本知识、基本理论和较强的专业能力（专业能力包含专业基本技能和专业核心应用能力两方面内涵），以及良好的道德、文化、专业素质。强调在知识、能力和素质诸方面的协调发展。应用型计算机专业人才的知识结构、能力结构、素质结构的总体描述中 A 类课程——学科性理论课程是指系统的理论知识课程，包括依附于理论课程的实践性课程，例如实验、试验、课程设计、实习、课外实践活动等；B 类课程——训练性实践课程是指高职教育新增加的一类实践课程，包括单独开设或集中开设的实践课程，旨在掌握专业培养目标要求的专项技术和技能；C 类课程——理论与实践一体化课程或称为综合性课程，也是高职教育新增加的课程类型，旨在培养综合性工作能力。

（三）遵循"依托学科、面向应用"的课程体系构建原则

高职教育教学改革主要包括理论导向、培养目标、专业结构、课程改革等四个方面，其中课程体系改革是高职教学改革的关键。为了有效缩小大学的本科学习和毕业工作之间的差距，计算机科学与技术专业本科课程体系应能体现高职教育的特点，从经济社会发展对人才的实际需求出发，了解产业和行业的人才需求，依托学科，面向应用，实现知识、能力、素质的协调发展，着眼于教育教学过程的全局，从人才培养模式的改革创新入手，依据高职人才培养目标，构建"学科—应用"导向的课程体系。高职教育的课程体系应包括以下四组课程：学科专业理论知识性课程组；专业基本技术、技能训练性课程组；培养专业核心应用能力的课程组；学会工作的课程组。

这四组课程可以概括为学科性理论课程、训练性实践课程和理论与实践一体化课程三个基本类型。构建计算机专业的高职课程体系的基本原则应该是：从工作需求出发，以应用为导向，以能力培养为核心，建设新的学科基础课程平台；组建模块化专业课程；增加实践教学比重，强调从事工作的综合应用能力培养。通过改革理论课程，增加基本技术、技能训练性课程，创新理论与实践一体化课程，依据各自学校的实际条件，最终形成有特色的高职专业课程体系结构。计算机专业课程体系应当采用适当的结构图（如柱形图、鱼骨图等）形式来描述，并在各学校的专业人才培养方案中明确给出相应的课程体系结构。比如，北京联合大学构建的"软件工程方向"的"柱形"结构课程体系；合肥学院构建的"模块化"结构课程体系；金陵科技学院构建的计算机科学与技术专业（软件工程）方向的"鱼骨形"课程结构图；浙江大学城市学院构建的"211阶段型"结构课程体系等。

进入 21 世纪，推崇创新、追求创新成为人们的普遍共识。为适应知识经济时代对创新型人才的需求，推进教育创新成为我国深化教育改革进程中面临的一项重要而紧迫的任务。实施创新教育是一项艰巨、复杂的工程，它涉及教育观念、教育体制、育人环境、教学内容、教学模式、教学方法、教学评价体系等诸多方面。

第二章　高职计算机教学环境

第一节　计算机教学的多媒体教学环境

一、多媒体教学系统的结构

完整的多媒体教学系统包括前端信号源系统(计算机、DVD、视频展示台)、终端图像显示系统(投影仪、屏幕、显示器、交互式电子白板)、音频处理系统(教学功放、音箱、麦克风)、传动控制系统或集中控制系统(中央控制器)四部分,形成了一套完整的教学系统。

(一)计算机

多媒体计算机是演示系统的核心。教学软件的应用和课件的制作都需要它来运行,在很大程度上增强了演示的效果。

(二)投影仪

多媒体投影仪由高亮度、高分辨率的投影仪和电动屏幕组成,是整个多媒体演示教室中最重要并且也是最昂贵的设备。它连接到播放系统、所有视频输出系统,并把视频和数字信号输出显示在大屏幕上。

(三)音频处理系统

音频处理系统,用于教学的主要由教学功放、音箱、无线麦克风和有线麦克风组成。

(四)中央控制系统

中央控制系统是整个多媒体教学系统的核心,包括控制主机、控制面板(按键面板、触摸屏面板）、控制软件（可编程软件、网络控制软件、手机控制软件）、控制模块（电源控制模块、遥控调光模块等）、视频和音频矩阵。中央控制系统可分为以下几类：

第一类，简单的中央控制系统。一般用于小学多媒体教室，主要用于控制设备稍微少一些的地方。

第二类，智能中央控制系统。一般用于中学多媒体教室，可控制多台设备。

第三类，网络中央控制系统。一般用于安装多个中央控制系统的学校，主要是便于管理和控制。

第四类，会议中央控制系统。一般用于多功能会议室，主要用无线触摸屏控制。

第五类，可编程中央控制系统。一般用于大型会议室，通常有多台控制设备，可提供编程窗口。

（五）视频显示架

它是一种先进的投影演示装置。它可以通过摄像机拍摄出平台上各种物体的照片，并把图像输出用于投影或存储在其他的设备当中。

二、多媒体教学系统功能

综合目前各类学校教学中使用的各种多媒体网络教学系统，可以总结出多媒体教学系统在技术层面的功能主要包括：多媒体集成、远程监控、多方向通信、同步和异步通信、资源支持和信息获取，等等。

通过精心设计的教学活动可以体现技术层面的功能，进一步实现多媒体网络教学系统在教学层面的功能。多媒体教学系统在教学层面的功能主要包括：促进多媒体教学以及现代教学理论的实现，使教学内容和教学设计更加丰富；教师灵活监控，并与学生灵活互动，高效完成教学任务，提高教学质量；有利于培养学生的素质，便于学生进行个体化学习；方便网络实践和测试的实现，及时了解学生的学习情况。

目前，多媒体教学系统应用于各类学校教学，虽然各自的功能不同，但其功能包括教师机功能和学生机功能两部分，并且功能主要集中在教师机上，学生机则主要用于接收教师机发送的命令并完成操作。

（一）教师机的功能

广播教学：教师机的所有屏幕操作和语音信息都可以通过网络实时传输到指定的学生机上。窗口广播也可以在窗口模式下将教师的屏幕传输到学生屏幕，学生可以边看边练，从而达到同步学习的目的。

屏幕录制：教师机在教学中录制屏幕操作和语音，使学生能够重复学习或为其他教师提供参考。

语音教学：教师机通过耳机话筒进行语音教学。学生机通过录音功能录制教师语音教学内容，方便课后复习讨论。

广播：教师机可以将指定学生机的操作界面转发给其他学生机进行集体校正或学习。

演示：教师机允许学生机通过网络控制教师机的计算机，然后将操作过程传送给其他学生机进行演示练习。

电子教鞭：屏幕作为黑板，教师机器可以通过各种工具对问题随时注释。学生机能实时看到各种图表，更加方便教师教学。

远程信息：教师机可以查看学生机的信息，包括系统的基本信息、哪些程序正在运行、硬盘信息等。

在线讨论：在课堂上，可以享受类似于互联网的超级论坛，可以交换文字、声音和图片，并实时呈现所有内容。

文件传送：教师机可以将作业或文件资料传送到学生机的指定目录。

网络影院：教师机在课堂上需要视频辅助教学或课间娱乐时，可以实时向所有的学生播放各种电影数据，实现多媒体视听教学。

小组教学：教师机可以对学生机进行分组，并指定小组组长，组长可代替教师机开展讲授、学习、讨论等各种活动。

远程关机或开机：教师机可以对学生机进行远程打开、重启或关闭。

收取作业：教师机可以实现对学生机提交的作业的集中收集和管理。

多路广播：多路广播其实就像是一个多频道网络影院，学生机可以选择很多频道。教师机可以播放不同的内容，学生机也可以自由选择。

远程设置：教师机可以远程设置学生机，甚至取消一些功能，便于达到教学管理的目的。

远程命令：教师机可通过网络远程来发送命令，启动学生机上的应用程序。

监控：教师可以在自己的电脑屏幕前监控每台学生机的电脑操作，并可以远程控制学生机的操作。

黑屏：教师机禁止学生机完成计算机操作时，可以锁定学生机的鼠标和键盘，屏幕为黑色。

（二）学生机的功能

电子举手：当学生遇到问题时，可以使用电子举手功能，让老师立即知道自己的位置。教师机可以使用监控、语音或遥控功能帮助学生解决问题。

发送信息：学生机可以向老师发送信息。

作业提交：学生机可以将已经完成的作业提交给教师机。

第二节　计算机教学的网络教学环境

一、校园网系统概述

校园网系统通常是指利用网络设备、通信媒体和相应的协议以及各种系统管理软件将校园计算机与各种终端设备有机地集成，并通过防火墙连接到外部互联网，用于教学、研究、学校管理、信息资源共享和远程教育等的局域网。

校园网建设是一项综合性的系统工程，包括网络系统的总体规划、硬件选择和配置、系统管理软件的应用和人员培训等。因此，在校园网建设中，我们必须将实用性与开发、建设与管理、使用与培训的关系处理好，以便于健康稳定地开展校园网建设。

二、校园网的硬件组成

校园网络的硬件由服务器、网络连接设备、网络传输媒质和工作站组成。

（一）服务器（Server）

服务器是一种高性能计算机，主要为客户端计算机提供各种服务。由于服务器是专门为特定网络应用程序研发的，因此在处理能力、稳定性、可靠性、安全性、可伸缩性和可管理性方面，比普通计算机更强大。服务器根据其在网络中具体执行任务的不同，可分为 Web 服务器、数据库服务器、视频服务器、FTP 服务器、邮件服务器、打印服务器、网关服务器、域名服务器等。

（二）网络连接设备

1. 路由器（Router）

路由器是连接多个网络或网段的网络设备。路由器有两个典型的功能：数据通道功能和控制功能。数据通道功能通常在硬件中完成，控制功能通常在软件中实现。

2. 集线器（HUB）

集线器是连接多台计算机或其他设备的网络连接设备。集线器主要提供信号放大及中转功能，它将一个端口接收的信号分配给所有端口。此外，一些集线器还可以通过软件配置和管理端口。

3. 交换机（Switch）

交换机的形状非常类似集线器，是一个多端口连接设备。两者的主要区别在于交换机的数据传输速率通常比集线器的数据传输速率快得多，校园网中心的核心交换机通常具有路由功能。

4. 网关（Gateway）

网关是网络连接设备的重要组成部分。它既具有路由功能，还可以相互翻译和转换两个网段中使用不同传输协议的数据，从而可以互连不同的网络。网关通常是一台配备了实现网关功能软件的专用计算机，这些软件具有网络协议转换和数据格式转换等功能。

5. 防火墙（Firewall）

防火墙是指将内部网与公众访问网（例如，因特网）分离的方法，其实际上是一种隔离技术。防火墙是在两个网络通信时强制执行的访问控制尺度，它允许你"同意"的人和数据进入你的网络中，同时将你"不同意"的人和数据排除在外，在最大程度上防止网络上的黑客访问你的网络。

（三）常用的网络传输媒质

1. 双绞线（Twisted Pair，TP）

双绞线是综合布线工程中最常用的一种传输介质。它由两根带有绝缘保护层的铜线组成，这两根绝缘铜线以一定的密度绞合在一起，在传输过程中，一根导线辐射出来的电波会被另一根导线发出的电波相互抵消，从而有效地降低信号干扰的程度。

2. 光纤（Fiber）

光纤以光脉冲的形式传输信号，主要是由玻璃或有机玻璃组成的网络传输介质。它由纤维芯、包层以及保护套组成。光纤具有非常高的传输带宽，并且当前技术可以以超过 1000Mbps 的速率传输信号。光纤的衰减极低，抗电磁干扰能力强，传输距离可达 20 千米。但是光纤的价格很高，安装复杂并且精细，需要特殊的光纤连接器和转换器。

（四）工作站

在校园网络中，工作站由单个用户使用，并提供比个人计算机更强大的性能。有时，工作站是用作特殊应用程序的服务器，例如，打印机或备份磁带机的专用工作站。工作站通常通过网卡连接到网络，然后需要安装相关的程序和协议来访问网络资源。

三、校园网的系统组建结构

校园网系统一般由三个主要部分组成：网络中心、校园主干网和以每个教学楼层为单位的局域网。

（一）网络中心

网络中心也是校园网络中心机房，配备各种系统服务器（文件服务器、数据库服务器）、中央交换机和配线柜。如果在使用期间数据流量不大，则只需配置一台服务器，根据将来的网络发展情况来判定是否扩充。因此，建立网络中心将是完成整个校园网络组的关键。为了保证网络的稳定可靠运行，网络中心的设备应选择信誉可靠、质量高、性能稳定、扩展性强的专业产品。网络中心的性能将直接影响整个校园网的性能。

（二）校园主干网

校园主干网主要提供校园内各个局域网之间的互联互通。通常使用诸如核心交换机或路由器之类的专业网络设备，并且用光纤作为传输介质，为每个单元子网之间提供高速和大容量的信息交换能力。目前，常用的主要主干技术是快速以太网技术（千兆以太网技术）、光纤分布式数据接口技术和异步传输模式技术。

（三）局域网

局域网是一种计算机通信网络，在局部的地理区域（例如，教学楼中的某个层）中将各种计算机、外部设备和数据彼此连接。局域网也具有很多种网络组建技术。目前，大多数使用双绞线作为传输介质，接入交换机用作网络设备，以形成星型以太网网络。

四、校园网的主要功能

（一）教学应用

校园网的主要功能是教学应用。它由网络教学平台提供支持，在线教学信息资源库提供信息，然后使用各种网络教学工具完成网络教学任务。

1. 网络教学支持平台

网络教学支持平台是学校网络教学活动的支撑系统。它包括网络备课、在线教学、在线课程学习、网络操作练习、在线考试、虚拟实验室、在线教学评估、作业提交和更正、课程问答、师生互动和教学管理。

2. 教学信息资源库

教学信息资源库是学校网络教学的重要组成部分之一。它包括多媒体材料库、主题库、教学设计库、课件库和测试题库。同时，资源库也将为教师和学生提供各方面的功能，包括全文搜索、属性检索、资源添加删除和分类、压缩包下载等。

（二）研究应用

校园网允许用户共享各类计算机软硬件资源和学术信息资源，从而提高科研效率，并且校园网也可以降低研究成本。研究人员可以通过校园网络组建一个工作组，不同办公室的研究人员可以通过网络轻松地与其他成员交流设计思路和设计方案。此外，人们还可以使用校园网络的对外联网功能搜索来自全世界的信息，并使用电子公告栏与世界各地的专家讨论最新的想法，发表和交换学术观点，以及交换论文。

（三）信息发布

学校的官网主页就像一个学校的窗口，学校可以通过这个窗口向世界各地的人们展示他们学校的形象。通常学校主页包括学校简介、部门专业、教师团队、人才培养、招生和就业、科研信息等内容。这个主页可以发布各种重大活动、会议通知、安排，以及各种官方文件，节省时间和金钱，并提升宣传效果。

（四）数字图书馆

校园网的建设对数字图书馆的建设和应用产生了巨大影响。数字图书馆以数字化格式存储大量多媒体信息，并且可以有效操作这些信息资源。而图书馆资源数字化、网络化和自主化等优势是传统图书馆比不上的。更重要的是，每个用户都可以通过校园网轻松检索和阅读图书馆的书籍和文档。读者可以访问图书馆的在线数据库，通过校园网络就可以在家中和办公室阅读报纸、期刊等。

（五）管理应用

学校管理信息系统（MIS）是基于校园网络建立起来的，在人事、教育、财务、日程安排和后勤管理等方面为学校提供先进的分布式管理系统。它将会改变原先管理模式的垂直、单通道、个人依赖性强、判决能力弱的劣势，将其转变为现代多向、多通道、分布广的复杂模式，进而提高管理效率，达到更好的效果。

通过校园网，学校可以建立一个集中与分散相互结合的分层、分布式数据库管理系统，这样不仅可以实现学校各部门之间大量数据的共享，还可以为管理者及时提供数据并帮助做出快速决策。校园网提供的通信功能可以为教职员和管理者提供全面的多媒体电子邮件功能，向各部门和管理人员发送各种通告、通知等。

第三节　计算机教学的远程教育环境

一、远程教育系统功能

远程教育系统是一个整体的网络化学习解决方案。一般包括：远程授课系统、自主学习系统、答疑系统、作业与考试系统、教学教务管理系统。五个子系统的功能如下：

（一）远程授课系统

远程授课系统是远程教育系统的基石。它利用先进的网络传输技术，将教师的授课内容实时传输给学生，实现跨越地域的教学互动。系统支持多种教学模式，如直播授课、录播回放等，满足不同学习者的需求。同时，系统还提供了丰富的多媒体教学资源，如 PPT、视频、音频等，使学习过程更加生动有趣。

（二）自主学习系统

自主学习系统是远程教育系统的一大亮点。它提供了丰富的在线教育资源，包括课程视频、电子教材、习题库等，供学生自由选择和学习。系统还具备智能推荐功能，根据学生的学习进度和兴趣，为其推荐合适的学习资源。此外，自主学习系统还支持学习进度跟踪和学习效果评估，帮助学生更好地掌握学习节奏。

（三）答疑系统

答疑系统是远程教育系统中不可或缺的一部分。它利用互联网通信技术，为学生和教师提供了一个便捷的交流平台。学生可以在这里提出学习过程中遇到的问题，得到教师的及时解答。同时，系统还支持学生之间的互助学习，通过讨论区、论坛等形式，促进学生之间的交流和合作。

（四）作业与考试系统

作业与考试系统是远程教育系统中用于评估学生学习效果的重要工具。它提供了作业布置、提交、批改以及在线考试等功能，方便教师对学生的学习情况进行跟踪和评估。系统还支持自动评分和成绩统计，为教师提供便捷的教学管理手段。

（五）教学教务管理系统

教学教务管理系统是远程教育系统中的综合性管理平台。它负责学生的注册、缴费、课程安排、成绩管理、学籍管理等一系列教学事务。系统采用先进的信息技术，实现了教学管理的自动化和智能化，大大提高了教学效率和管理水平。

二、远程教育系统特点

（一）跨越时空的便捷性

远程教育系统最为显著的特点之一，在于其跨越时空的便捷性。这一特性使得教育资源的分配不再受限于地理位置，无论是城市还是乡村，只要有网络连接，学习者都能享受到高质量的教育服务。系统通过在线平台，将教师的授课内容实时传输至世界各地，使得学习者可以根据自己的时间安排和地点选择进行学习，极大地提高了学习的灵活性和自主性。

在时间上，远程教育系统打破了传统教育的固定课时限制，学习者可以根据自己的节奏进行学习，无论是白天还是夜晚，都能找到适合自己的学习时间。而在空间上，系统则突破了教室的物理界限，无论是在家中、图书馆、咖啡厅还是旅途中，只要有网络连接，就能接入系统进行学习。这种跨越时空的便捷性，不仅为学习者提供了更多的学习机会，也促进了教育资源的公平分配。

此外，远程教育系统的便捷性还体现在学习资源的获取上。系统提供了丰富的在线教育资源，包括课程视频、电子教材、习题库等，学习者可以根据自己的需求随时获取，无须担心资源的稀缺或获取渠道的限制。这种资源的丰富性和易获取性，进一步增强了远程教育系统的吸引力。

（二）学习形式灵活多样

在基于计算机技术和网络技术的现代教育条件下，远程教师扮演的角色将不仅是传播者、领导者、帮助者，也是参与者、辅导者和监察者。在远程教师和机构的指导下，学生可以根据自己的学习情况，自主制订学习计划和时间表，并使用各种远程媒体学习资源和学习支持服务进行学习，整个学习的过程主要在自己的工作和生活环境中进行。所以，可以说远程教育系统非常重视基于个性化学习并辅以教师辅导的学习方式，使学习风格更加灵活多样。

（三）共享丰富的教学资源

计算机网络是远程教育系统的主要传播载体，它连接着世界各地的信息资源，是一个信息、知识和智慧的网络。远程教育系统利用各种网络为学生提供各种丰富的信息，优化和共享各种教育资源，打破资源的地域和属性特征，整合人才、技术、课程、设备等优势资源；满足学生自主选择适合自己信息的需求，使更多的人能够获得更高水平的教育，实现一定程度的教育平等；提高教育资源的使用效率，并减少学习的成本。

（四）双向沟通和互动

如上述所说，远程教育系统以计算机网络为主要传播载体，这就保证了它既可以实现教学信息和教学内容的远程传输与共享，也可以让教师与学生、学生与学生之间进行全方位的双向沟通互动。同样的，这种沟通互动可以是实时的，也可以是非实时的。远程教育系统真正地实现了教师与学生、学生与学生之间的双向、实时沟通交流互动。

三、远程教育系统技术支持

（一）Web 技术

在基于 B/S 模式的远程教育环境中，需要大量的网络技术，如 Web 设计、ActiveX 技术、J2EE 平台、ASRNET 平台和其他相关的基于网络的安全控制。

（二）多点通信技术

多点通信技术是远程学习系统中传输教学信息的技术先决条件。多点通信可以通过点对点模式和广播模式实现，但两者都有自己的特点。在实际应用中，可以根据情况进行组合。在点对点模式下，如果要实现点对多点通信，则发送方必须为每个接收方发送数据包。它的优点是安全可靠，缺点是它占用更多的网络带宽并影响传输质量。在广播模式下，发送方只需要发送一个数据包，该数据包可以被网络中的所有节点接收，从而节省了网络带宽，缺点是可靠性降低且难以管理。目前，基于 P2P 的多点传输技术不仅具有节省带宽的优点，而且保证了传输的可靠性，在远程教育系统中得到了很好的应用。

（三）虚拟现实技术（VR）

虚拟现实技术是一种全新的人机交互界面，是对物理现实的模拟。它彻底改变了人机交互的方式，创造了一个完整且令人信服的虚拟环境，让人们沉浸其中，实现设计师的设计目标。

（四）数据压缩和编码技术

交互式实时远程学习模式需要通过网络传输大量音频和视频信息，这增强了远程学习系统的协作和交互能力。为了提高网络利用率，并使网络能够传输更多信息，实现更好的交互和通信，就必须压缩网络中传输的媒体信息以减少网络负载。

因此，人们不断地研究既可以压缩媒体信息又可以保证信息传输质量的数据压缩和编码技术。国际标准化组织（ISC）和国际电信联盟（IU）等组织相继制定出一系列的编码标准，为实施交互式实时远程学习系统提供实用的编码技术和标准。对于静态图像压缩，ISO 制定了 JPEG 标准；对于动态图像压缩，ISO 则制定出 MPEG 标准。

（五）多媒体同步技术

多媒体是不同信息媒体的融合。多媒体依据时间特征可以分为与时间无关的媒体和与时间相关的媒体。与时间无关的媒体是指不随时间变化的媒体，例如文本、图形、静止图像等。与时间相关的媒体通常是高度结构化的、基于时间的信息单元集合，其表现为与时间相关的媒体流。由于与时间相关，因此在通过网络传输时涉及同步问题。远程教育管理系统应动态维护教学软件的多媒体同步。

第三章 计算机专业课程改革与建设创新

计算机专业的知识结构不完全稳定，专业内容变化快，新的理论和技术不断涌现，因此计算机专业的特点是知识更新快、对学生的动手能力要求高。经过几年学习后，计算机专业学生所学的知识在毕业时就会显得有些过时，导致毕业生难以达到用人单位的要求。

目前，在我国，从重点大学到一般的地方工科院校，都开设了计算机专业，但各院校的师资力量、办学水平差别很大，培养出来的学生能力和素质不一样。综观我国各高职计算机专业的教学计划和教学内容，几乎所有高职的教学体系、教学内容和培养目标都差不多，这显然是不合理的。各高职应根据自身的办学条件和师资力量进行目标定位，制订相应的教学计划，确定教学体系和教学内容，从而形成自己的特色。

作为培养应用型人才的主要阵地，应用型高职在人才培养方面应跳出传统的精英教育办学理念和研究型人才培养模式，积极开展应用型教育，培养面向地方、服务基层的应用型创新人才；根据经济社会的发展需要，培养大批能够熟练运用知识、解决生产实际问题、适应社会多样化需求的应用型创新人才。

第一节 课程体系设置与改革

随着我国市场经济的不断完善和科技文化的快速发展，社会各行各业需要大批不同层次的人才。高职教学改革的根本目的是提高人才培养的质量，而提高人才培养质量的核心就是在遵循教育规律的前提下，进行人才培养模式改革，使人才培养方案更好地适应社会的要求。

人才培养模式是指造就人才的组织结构样式和特殊的运行方式。人才培养模式包括人才培养目标、教学制度、课程结构、课程内容、教学方法、教学组织形式、校园文化等。不同高职的人才培养模式有不同的特点和运行方式。市场经济的发展要求高职培养更多的应用型人才。应用型人才是指能将专业知识和技能应用于所从事的专业社会实践的人才，是熟练掌握社会生产或社会活动一线的基础知识和基本技能、主要从事一线生产的技术人才或专业人才。

应用型人才培养模式的具体内涵是随着高等教育的发展而不断发展的。应用型人才培养模式以能力为中心，以培养技术应用型人才为目标，它是根据社会、经济和科技发展的需要，在一定的教育思想指导下，由人才培养目标、制度、过程等要素组合而成的。从教育理念上讲，应用型人才培养应强调以知识为基础，以能力为重点，协调发展知识、能力、素质。

人才培养方案是高职人才培养规格的总体设计，是开展教育教学活动的重要依据。社会对人才的需要越来越多元化，高职培养何种类型与规格的学生、培养出的学生应该具备什么样的能力，主要依赖于所制订的人才培养方案。随着高等教育教学改革的不断深入，人才培养的方法、途径、过程都在悄然发生变化，各高职也都在不断调整培养目标和培养方案。

计算机专业传统的"厚基础、宽口径"教学模式实际上只适合于精英式教育，而不适应现代的多规格人才需求。随着信息化社会的发展，社会对计算机专业毕业生的能力素质需求是具体的、综合的、全面的，用人单位需要的是具有一定沟通能力、动手能力、创新及学习能力的人才。IT技术在不断发展，从事IT行业的人员不可能以单一技术"走遍江湖"，只有与时俱进，随时更新自己的知识储备，才不会被淘汰。

应用型计算机专业人才培养定位于从事计算机应用系统设计、开发、检测及经营管理等工作的工程技术型和工程管理型人才。为适应市场需求及达到培养目标，应用型高职应优化人才培养思路：以更新教学理念为先导，以培养学生获取知识、解决问题的能力为核心，以优化教学内容、整合课程体系为关键，以课程教学组织方式改革为手段，以多元化、增量式学习评价为保障，培养学生的知识、能力、素质，使学生成为社会需要的合格人才。

一、科学构建专业课程体系

某应用型高职从社会对计算机专业人才规格的需求入手，重新进行专业定位、划分模块、课程设置；从全局出发，遵循自顶向下、逐层依托的原则，设置选修课程、模块课程体系、专业基础课程，确保课程结构的合理；调整课程门数，去冗存精，优化教学内容，保证教学内容的先进性与实用性；合理安排课时与学分，充分体现课内与课外、理论与实践、学期与假期、校内与校外学习的有机融合，使学生获得自主学习、创新思维、个性素质等协调发展的机会。

二、优化整合实践课程体系，以培养学生专业核心能力为主线

为了更好地培养学生的专业技能及综合应用能力，某应用型高职在原有的实践课程体系上，加大独立实训课程和上机操作的占比。实践课程以综合性、设计性、工程性、复合性的项目化训练为主。

三、重新规划素质拓展课程体系

素质拓展课程是实践课程的扩充，开设目的是培养学生参与意识、创新意识、竞争意识。某应用型高职结合专业特点，组建学科竞赛和专业水平认证考试训练班，培养学生的专业技术、团队合作和创新能力。

四、加强人才培养方案的实施

（一）加强师资队伍建设

培养高素质应用型人才之前，高职要建立高素养的"双师型"师资队伍。"双师型"教师要具有较强的工程实践能力，能独立完成工程项目。高职可制定合理的科研与教学管理制度，积极组建学科团队、教学团队及项目组，加强教师之间的合作，鼓励教师深入研究教学方法。

（二）注重课程及课程群的建设

课程建设是教学计划实施的基本单元，主要包括课程内容研究、实验实践项目探讨、课程网站及资源库建设、教材建设等。某应用型高职基于区、校级精品课程与重点课程的建设，对计算机导论、程序设计基础、数据结构、数据库技术、软件工程等基础课程进行研究，以课程或课程群为单位，积极开展研究研讨活动，形成有实效、能实用的教学内容、实验和实践项目。

（三）改革教学组织形式与教学方法

以课堂为教学阵地、以教师为教学主体的传统教学组织形式不符合信息时代的教育规律。课堂时间是短暂的，教师的知识是有限的，要想掌握大量学科知识和技术，学生必须积极参与学习过程，养成自主获取知识的良好习惯，通过小组合作讨论发现问题、解决问题、提高能力（即合作性学习模式）。某应用型高职在计算机导论、软件工程等所有专业基础课、核心课中实施合作式教学组织形式，使教师和学生转变教学和学习理念，实现教学相长。

（四）加强实践教学，进一步深化项目化工程训练

除了基本理论课外，所有专业课程都有配套实验课程，而且每门实验课程都包含综合性实验内容。课程实验、课程设计、综合实训、毕业实习、毕业设计等结合在一起，形成了基于能力培养的实践课程体系。某应用型高职依托当地教育教学改革项目，对大部分实践课程实施了项目化管理，引入实际工程项目，严格按照项目流程运作和管理。学生将自己的专业知识应用到实际项目中，培养了自己的动手能力、团队合作能力与沟通能力。

（五）构建多元化评价机制

合作性学习模式的评价机制是多元化的，合作性学习模式的评价机制包括学生自我评价、小组内部评价、教师团队评价、项目用户评价等。这一评价机制注重参与性、过程性，具有增量式、成长性，是因材施教、素质教育的保障。一些高职将这种评价方式运用在项目化训练的实践课程和合作式学习课程中。学生的反馈信息表明，这种评价方式比传统的知识性评价方式更加科学、合理。

第二节　计算机实践教学

实践是创新的基础，实践教学是教学过程中的重要环节，实验室则是实践教学的主要场所。人才培养方案中的一个重要部分是合理的实践教学体系，其中包括每门课程配套的实践教学环节。高职应尽可能为师生提供良好的实践教学环境，使每名学生能接受多个实践环节的培养和训练，这不仅有利于培养学生扎实的基本技能与实践能力，而且有利于提高学生的综合素质。

下面介绍某应用型高职对实践教学进行的规划与安排，以供广大同行借鉴

参考。

一、实践教学的指导思想与规划

在实践教学方面,该应用型高职努力践行"卓越工程人才"培养的指导思想。该指导思想可概括为"一个教学理念、两个培养阶段、三项创新应用、四个实训环节、五个专业方向、八条具体措施"。

(一)一个教学理念

确立工程能力培养与基础理论教学并重的教学理念(即"一个教学理念"),把工程化教学和职业素质培养作为人才培养的核心任务之一,通过全面改革人才培养模式、调整课程体系、充实教学内容、改进教学方法,建立工程化实践教学体系。

(二)两个培养阶段

"两个培养阶段"指把人才培养阶段划分为工程化教学阶段和企业实训阶段。在工程教学阶段,该应用型高职一方面对传统课程的教学内容进行工程化改造,另一方面根据合格计算机专业人才所应具备的工程能力和职业素质专门设计四门阶梯式工程实践学分课程,从而实现课程体系的工程化改造。在实习阶段,该应用型高职要求学生参加半年全学时制企业实习,以便进一步培养学生的工程能力和职业素质。

(三)三项创新应用

(1)运用创新的教学方法。该应用型高职采用双语教学、实践教学和现代教育技术,重视工程能力、协作能力、交流能力、团队能力等综合素质的培养。

(2)建立新的评价体系。该应用型高职将工程能力和职业素质引入人才素质评价体系,将企业反馈和实习生(或毕业生)反馈引入教学评估体系,以此指导教学。

(3)以工程化理念指导教学环境建设。该应用型高职通过建设工程化教育综合实验环境及设立实习基地,为工程实践教学提供强有力的基础设施支持。

(四)四个实训环节

"四个实训环节"指该应用型高职针对计算机专业人才所应具备的个人开

发能力、团队开发能力、系统研发能力和设备应用能力，设计了四个阶段性的工程实训环节。

（1）程序设计实训：培养个人开发能力。

（2）软件工程实训：培养团队开发能力。

（3）信息系统实训：培养系统研发能力。

（4）网络平台实训：培养设备应用能力。

（五）五个专业方向

（1）软件开发技术（C/C++方向）；

（2）软件开发技术（Java方向）；

（3）嵌入式方向；

（4）软件测试方向；

（5）数字媒体方向。

（六）八条具体措施

（1）聘请企业资深工程师，开设项目实训系列课程。

（2）创建校内外软件人才实训基地。

（3）每名学生要在实训基地集中实训半年以上。

（4）引进战略合作机构，把学生的能力培养和就业、学校的资源整合、实训机构的利益等捆绑在一起，形成一个有机的整体，弥补高职办学的固有缺陷（如师资与设备不足、市场不熟悉、就业门路窄、项目开发经验有欠缺等），开拓一种全新的办学模式。

（5）加强实训中心的管理，在实验室装备和运行项目管理、支持等方面探索新的思路和模式，更好地发挥实训中心的作用。

（6）在课程实习、暑假实习和毕业设计等环节进行改革，探索高效的工程训练内容设计、过程管理新机制。

（7）做好校内、校外两个实训基地建设工作。

（8）加强第二课堂建设，同更多的企业共建学生第二课堂。

二、实践体系的设计与安排

实践体系在总体上可分为课程实验、综合课程设计、专业实习和毕业设计四大类，以及课外和社会实践活动。在一个实践体系中，课程实验至少 14 学分，按照 16 个课内学时折合 1 学分计算，共计 224 个课内学时；综合课程设计 4 周，专业实习 4 周，毕业设计 16 周，共计达到 24 周，按照每周 1 学分计算，折合 24 学分。

（一）课程实验

课程实验分为课内实验和独立实验课程。课内实验的设置目的是帮助学生更好地掌握理论课上所讲的内容。

（二）综合课程设计

综合课程设计包括课程实训、阶段性实训和项目综合实训。

课程实训是指和课程相关的某项实践环节，强调综合性、设计性。无论从综合性、设计性上看，还是从规模上看，课程实训的复杂度都高于课程实验。课程实训的目的在于引导学生用所学的知识解决实际问题。

课程实训可以以一门课程为主，也可以由多门课程组成，后者称为综合实训。综合实训是将多门课程相关的实验内容结合在一起，形成具有综合性和设计性的实验内容。综合实训一般为单独设置的课程，其中课堂教授内容所占课时很少，实验内容所占课时较多。

综合实训注重学科课程知识与实际应用之间的联系，整合学科课程知识体系。综合实训不仅强调培养学生综合运用所学知识解决实际问题的能力，还强调培养学生系统分析、设计和集成的能力，以及独立实践能力和良好的科研素质。

（三）专业实习

专业实习有认知实习、生产实习、毕业实习、科研实习等多种形式。通过实习，学生能认识专业、了解专业。不同高职的专业实习环节有不同的特点。

专业实习的目的是让学生进行相关专业的生产实践活动，真正了解、感受所学相关专业工作。对于计算机专业的学生，IT 企业、大型研究机构等是比较恰当的专业实习单位。

实习基地是实践教学环节的重要基础，实习基地的建设十分关键。高职应将实习基地的建设纳入学科和专业的有关建设规划，并且定期组织学生进入实习基地进行专业实习。

（四）毕业设计

毕业设计环节是人才培养的重要环节。学生要在做毕业设计的过程中把学过的知识点串起来，形成对所学专业的清晰认识。

毕业设计的选题以应用性和应用基础性研究为主，与学科发展或社会实际紧密结合。一方面，毕业设计选题应多样化，向拓宽专业知识面和交叉学科方向发展，指导教师结合自己的纵向、横向课题提供选目，也可以鼓励学生自己提出选目，学生可以到IT企业做毕业设计，结合企业实际，撰写论文；另一方面，毕业设计选题应难度适中且有一定创意，使学生的知识综合应用能力和创新能力都得到提高。

在毕业设计环节中，指导教师要营造良好的学习氛围，培养学生的动手能力、实践能力、独立科研能力、以调查研究为基础的独立工作能力及表达能力。

（五）课外和社会实践活动

高职可鼓励学有余力的学生参与各种形式的课外实践，鼓励学生提出和参与创新性题目的研究。课外和社会实践活动主要有：①省级、国家级科研项目；② ACM 程序设计大赛、数学建模、电子设计等竞赛活动；③科技俱乐部、兴趣小组、各种社会技术服务等；④其他各类与专业相关的创新实践。指导教师要注意培养学生的科研能力，不可让实践活动流于形式。课外实践应有统一的组织方式和相应的指导教师，其考核内容可视情况而定。

社会实践的设置目的是让学生将自己所学的知识与实际工作相结合，进一步明确学习目标，提高学习积极性。社会实践的具体方式如下：①组织学生走出校门进行社会调查，了解目前企业对计算机专业人才的要求、技术需求，以及某类信息产品的供求情况；②到基层进行计算机知识普及、培训，参与社会信息系统建设；③选择某个专题进行调查研究，写调查报告等。

第三节　计算机课程建设

课程教学是职业教育的主要渠道，对培养目标的实现起着决定性的作用。课程建设是一项系统工程，涉及教师、学生、教材、教学技术手段、教育思想和教学管理制度。课程建设规划反映了各高职提高教育教学质量战略和学科、专业特点。

计算机专业学生就业困难的原因不在于毕业生人数多，而在于毕业生能力不高，不能满足社会需求。因此，高职应进行课程建设与改革，解决课程的趋同性、盲目性、孤立性以及不完整、不合理交叉等问题，改变过分追求知识的全面性而忽略人才培养的适应性的教学现状。下面是某应用型高职提出的计算机专业课程建设策略，供广大同行参考。

一、夯实专业基础

针对计算机专业学生应具备的理论基础和基本工程应用能力，该应用型高职构建统一的公共基础课程和专业基础课程体系，为专业方向课程模块提供有效支撑，为学生打下坚实的理论学习基础。

二、明确专业方向

该应用型高职将专业课程按一定的内在关系组成多个课程模块，通过课程模块的选择、组合，使不同专业方向具有不同的侧重点，使培养出的人才符合社会需求，从而缓解专业技术发展的快速性与人才培养的滞后性之间的矛盾。

三、强化实际应用

为加强学生专业知识的综合运用能力和动手能力，减少验证性实验，该应用型高职增大设计性实验的占比，并且增设高级语言程序设计实训、数据结构和算法实训、面向对象程序设计实训、数据库技术实训等实践性课程。根据行业发展情况、用人单位意向及学生就业的实际需求，该应用型高职拟定具有实际应用背景的毕业设计选题。

作为计算机专业应用型人才培养体系的重要组成部分，应用型高职制订课程建设规划时要注意以下几点：建立合理的知识结构，着眼于课程的整体优化，突出应用型教学的特色；在构建课程体系、组织教学内容、实施创新与实践教学、改革教学方法与手段等方面进行系统配套的改革；安排教学内容时，要将授课、讨论、作业、实验、实践、考核、教材等教学环节作为一个整体统筹考虑，充分利用现代化教育技术手段和教学方式，形成立体化的教学内容体系；重视立体化教材的建设，将基础课程教材、教学参考书、学习指导书、实验课教材、实践课教材、专业课程教材配套建设，加强计算机辅助教学软件、多媒体软件、电子教案、教学资源库的配套建设；充分利用校园资源环境，进行网上课程系统建设，使专业教学资源得到进一步优化和组合；重视对国外著名高职教学内容和课程体系改革的研究，继续做好国外优秀教材的引进、消化、吸收工作。

第四节　计算机网络环境下的"教"与"学"

一、计算机网络环境下的"教"

（一）教学系统的开放性

传统学校教育中由于教学条件、环境的限制，教学对象一般是有限的，且处于一种相对封闭并呈阶梯级发展的状态。相对封闭是指教学任务为特定年龄的教学对象设计，无论学习者差异如何，一般都只能按照规定进入相应的年级学习，在规定的时间内完成学习任务。呈阶梯级发展指学习者必须按基础、中等、高等教育这样的顺序发展，不可逾越。网络教育系统下的教学对象却是开放的，无论性别、健康状况、国籍或贫富贵贱，只要拥有了一台联网的计算机，学习者就可以自由选择感兴趣的任何专业、任何课程进行学习。

（二）教学资源的丰富性

传统教育中的教学资源可以分别用文字、图形、音频、视频、动画等多种媒体以线性排列方式来呈现，这种呈现方式系统性强，但灵活性不够。网络教育中的学习资源可以将文字、图形、音频、视频和动画等多种媒体按照教学需要集结在一起，以超文本方式呈现，兼具系统性和灵活性。这种基于 Web 的教育教学，可以创设一种符合建构主义理念的全新教育情境，让学习者更好地进行意义建构。

数据库作为资源库拥有丰富的信息资源，是网络的最大魅力之一，而且网络信息资源是多样的，它涉及社会生活的各个领域、各个学科。网络信息资源具有共享性，没有人是信息的主宰者，对于网络终端的每一个学习者而言，他们在信息面前都是平等的。拥有可共享的大量信息资源，正是网络能在教育中有强劲发展势头的主要原因。

（三）教学过程的交互性

计算机技术作为一种强大的交互型媒体，有多种技术可以支持网上交流，交流方式也是丰富多样的，师生之间、学生与学生之间可以根据需要选择不同的交互方式，如 BBS、FAQ、聊天室以及电子邮件等。

这里所说的交互有两种含义，一是学习者与计算机系统之间的交互，二是学习者和指导者之间的交互。在网上远距离学习模式下，一般来讲，学习者和指导者在上机时间上是相对自由的，对学习者在学习过程中遇到的大多数问题，计算机系统可以自动检索后援引知识库的资料自动回答。部分计算机系统不能回答的问题，则由指导者通过电子邮件或其他形式将答疑内容发送给学习者。这种特殊的交互形式，使得学习者和指导者之间可以不受时间和地域的约束。当然，特殊情况下，学习者和指导者也可以在约定的时间同时上网，进行网上实时交流。

二、计算机网络环境下的"学"

（一）学习模式的多样性

网络学习因不受地域和时间的限制，所以模式比较自由。它不但可以进行个别化学习，也可以根据学习者的不同情况分组学习，在网上进行小组讨论。若配以大屏幕显示设备，还可以实现团体教学，使教学活动的组织更加灵活方便，教学效果也可大大提高。

（二）学习的自主性

网络教育学习过程中，学生自主学习知识，自我更新知识，通过自己思考、探索来独立完成学习。网络教育并不是简单的"人—机"交互，而是复杂的"人—机—人"交互。这类交互的最大特点是强调互动，特别是学生的主动参与。这种自主性具体表现在：学生确定自己的目标后，能够借助网上优势，自主选择学习内容、学习方法和支配学习时间，从中知道如何学习才能达到目标，也知道如何评价自己的学习效率、测试自己的学习效果和成绩。学生根据自己的知识基础和学习进度进行个别化学习，不必跟随教师统一的教学内容和进度，而且网上没有固定的学习模式，自己不主动学习，就不可能学到新知识，这样学生就由原来的不得不学转变为主动要求去学，从而能提高学生的学习成绩，有利于学生学习能力的培养。而且，学生在学习中自己制订学习计划，自己掌握学习进程，自己负责学习效果，这有助于学生养成在教育活动、工作职责和个人行为等方面的良好习惯。除此之外，学生自己选择学习时间，自己确定学习地点，学习时间、空间的灵活性大，特别适合成年的、在职的学生的主客观条件。

网络教育是教师指导下的自学，它以促进学生的自主性学习为目标。因此，网络教育对培养学生的认知能力和创新素质有很大的潜力。但是在网络教育中，学生要对自己的学习负最大的责任，能积极主动地利用网络工具自主学习，这对学生的自律能力和自学能力都提出了较高的要求。如果缺乏自律能力，在眼花缭乱的网络面前，当最初的新鲜感消失之后，学生就可能离开学习的轨道，忘记学习的目标。如果缺乏自学能力，学生就不知道该学什么和怎样学，对年纪越小的学生来说这个问题越大。

三、"教"重于"学"

（一）弥补网络教育之不足需要加强"教"的研究

近年来，网络教育的巨大优越性使它发展迅速。然而，网络教育同传统教育相比，也存在诸多先天不足：

（1）网络教育缺乏有效的课堂管理机制；

（2）网络教育提供的"标准化"课件，不仅缺乏个性，而且缺乏教学中的直接交流，因而难以真正实现因材施教；

（3）网络教育缺乏师生之间的感情交流，不利于学生完善人格的塑造；

（4）网络教育所实现的时空分离，导致对学生的社会性激励减弱，进而影响学生学习积极性。

网络教育存在的上述不足，是站在传统教育角度审视网络教育的必然结果。在传统教育中，教学过程可看作师生之间发生的"人—人"系统，而在网络教育中，教学过程则由"人—人"系统转变为"人—机—人"系统。于是，"机"就成为师生之间的桥梁或中介。正因为教学过程发生了这样的变化，才有了人们对网络教育的上述批判。其实，网络教育与传统教育之间，并不存在着无法逾越的鸿沟。毕竟，教学过程本质上既是一个特殊的认识过程，又是一个促进学生发展的过程。就这一点而言，无论是传统教育还是网络教育，都应该完成这一双重任务，只不过在完成这一双重任务的具体教学模式上存在着差异。既然如此，人们若要弥补网络教育之不足，一个可行的办法就是加强网络教育中"教"的研究，加强网络教育中的"教"如何才能够完成认识与发展这一双重任务的探讨。

（二）学生自主性学习能力差需要加强网络教育中"教"的研究

网络教育是以学生自我管理能力为依托的教育模式，其教学质量的高低并不完全在于学校和教师，而在很大程度上取决于学生的自主性学习。自主性学习是指学生在学习过程中的积极主动的主体状态，包括自主性学习习惯、自主性学习兴趣、自主性学习思维、自主性学习方法、自主性学习能力等要素。网络教育要求学生具备良好的自主学习能力，而网络教育招收的学生往往缺乏自主学习能力，这是我国网络教育发展中的现实问题。

在我国传统教育中，学生的学习紧紧围绕着教师，师生之间存在非常紧密的依赖关系，学生的自学能力普遍较差。这种惯性虽然随着学生走上社会而有弱化的趋势，但在整体教育背景下，学生对教师依赖的这种心理定式，始终顽强地存在着。在这种情况下，网络教育中的学生也不可能都在短时间内迅速摆脱对教师的依赖，具备较强的自主学习能力。于是，人们的现实网络教育就陷入一种两难境地：既不能无视网络教育注重学生自主性学习的特点，又不能忽视网络教育中学生自主性学习能力较弱的现实。摆脱这种两难境地的唯一办法就是采取一些过渡性措施，使学生逐步养成自主性学习习惯。为此，就要求人们加强网络教育中"教"的研究。

四、"学教并重"教学设计

在建构主义开始流行之前（即 20 世纪 90 年代之前），教育界普遍采用传统的教学设计理论，即"以教为主"的教学设计理论。这种教学设计主要关注老师的"教"，而忽视学生自主的"学"。

随着多媒体和网络技术从 20 世纪 90 年代初开始普及，建构主义逐步进入教学领域，并从原来纯粹的学习理论逐渐发展成为既包含学习理论，又包含教学理论和教学设计理论、方法的一整套全新的教与学理论。建构主义的教学设计理论也被称为"以学为主"的教学设计理论，其目的是促进学生的自主学习、自主建构与自主探究。

"以教为主"和"以学为主"这两种教学设计理论均具有各自的优势与不足。

传统的"以教为主"教学设计有许多优点，例如，有利于教师主导作用的发挥，有利于教师监控整个教学活动进程，有利于系统科学知识的传授和教学目标的达成。但它存在一个较大的弊病：以教师为中心，只强调教师的"教"而忽视学生的"学"，全部教学设计内容都是围绕如何教而展开，很少涉及如何促进学生自主地学。按这样的理论设计的课堂教学，学生参与教学活动的机会少，大部分时间处于被动接受状态，学生的主动性、积极性难以发挥，更不利于创造型人才的成长。

"以学为主"教学设计强调在学习过程中要发挥学生的主动性、积极性，要充分体现学生在学习过程中的主体地位。整个教学设计围绕"学习环境"和"自主学习策略"这两个方面展开。前者是为学生建构意义创造必要的环境和条件（提供学习的外因）；后者则是通过各种学习策略去激发学生自主学习和主动建构（诱导学习的内因）。目前常用的自主学习策略有"支架式""抛锚式""随机进入式"和"启发式"等多种。这种教学设计有利于学生的自主学习、合作探究，有利于创造型人才的培养，这是其突出优点，但它也存在以下两方面的不足：一是不做教学目标分析，二是忽视教师主导作用的发挥。因而容易偏离教学目标的要求，不利于对基础知识的系统学习与掌握，不利于对前人知识经验的传承与利用。

由以上分析可见，"以教为主"和"以学为主"这两种教学设计各有其优势与不足，不能简单地用后者去否定或取代前者，也不能反过来用前者去否定或取代后者，而应当彼此取长补短，有机结合，努力做到既发挥教师的主导作用，又充分体现学生的主体地位，从而把教师和学生两方面的主动性、积极性都充分调动起来。其最终目标是要通过这种新的教学设计思想来优化教学过程以取得最佳的教学效果。按照这种思想实现的教学设计被称为"学教并重"教学设计。这种教学设计的主要理论基础是奥苏贝尔的"学与教"理论和新型建构主义的"学与教"理论（但是并不否认、更不排斥其他学习理论和教学理论也能对这种教学设计在某些方面提供支持，例如，布鲁纳的"学科结构论"、布鲁姆的"掌握学习"理论、加涅的"学习条件"理论以及加涅在此基础上形成的"九段教学程式"和一整套教学设计的原理与方法等均对"学教并重"教学设计的理论基础提供了不同程度的支持）。

"学教并重"教学设计通常包含下列实施步骤：①教学目标分析——确定教学内容及知识点顺序；②学习者特征分析——确定教学起点，以便因材施教；③根据教学内容和学习者特征的分析进行教学策略的选择与设计；④学习情境创设；⑤根据教学目标、教学内容和教学对象的要求，进行教学媒体选择与教学资源的设计；⑥通过提问、测验或察言观色等方式对课堂教学做形成性评价（以确定学生达到教学目标的程度）；⑦根据形成性评价所得到的反馈，对教学内容、方法、策略做适当的修改与调整。

第五节　计算机网络环境下新型教育模式

随着社会的发展和不断进步，网络技术的运用已经渗透到生活的各方面。现代信息技术在教学中的运用也在慢慢地走向成熟，网络教育已经成为现代教学发展的主导方向和重要标志。

所谓网络教育，指的是教师和学生通过网络传授和获取知识的一个互动的过程。网络教育作为多媒体和网络通信技术的结合，其目的是建立一个开放的数字化的学习交流平台。这就从根本上改变了传统的教学模式。

一、我国网络教育发展的现状

由于我国各地经济发展不平衡，对网络教育的重视程度和财政支持不同，网络教育的起点不一。虽然近几年在各级政府的高度重视下，网络教育建设特别是信息化基础设施和信息网络建设取得了很大进展，但与发达国家相比，仍然存在着很大差距，集中表现在以下几方面：

（1）网络教育水平较低，且发展不平衡。由于主观认识的不一致，信息化建设中资金投入不平衡，软硬件建设和资源的开发与利用也不平衡，因此各省网络教育建设发展很不平衡。目前，只有少数发达省份或条件相对较好的重点学校能够主动利用信息技术培养学生思考问题、解决问题的能力和技巧。大部分学校还不能运用计算机迅速完成班级、学校、教育管理部门信息的搜集与共享，不能建立与运用信息数据库来处理各种教育信息，不能运用计算机及信息技术进行高层次知识技能的教学。教学软件课件及学生学习软件的开发与应用远远不够，技术信息课程整合率低。

（2）信息资源开发和利用水平较低。网络教育基础设施建设和信息资源开发的目的是应用和出效益。但从全国各省网络教育的情况来看，应用的种类少、水平低。许多学校还没有完成本单位教育基本信息的收集整理工作，有的学校根本就没有开展这方面的工作，许多教师还搞不清楚什么是多媒体课件，已有的课件也多是 PowerPoint 演示稿，基于网络的高水平多媒体课件还很少。还有一些学校的计算机数量充足，但利用率不高，机房上机的学生很少，分析造成这种情况的原因，一是重视不够，认为信息化就是上网，而上网就是浏览外面的信息；二是网络教育工作开展时间较短；三是没有鼓励课件开发制作的相应机制，相当一部分教师还不会制作课件；四是各类管理信息系统种类少、功能低，少数学校根本无任何应用系统；五是软硬件设施不能满足需要。多数高职的多媒体教室数量不足，水平较低，一些教师想用多媒体教室上课却无法实现，这就制约了部分教师对多媒体课件的开发。

（3）信息技术人才缺乏，信息素养较低。我国开发高级信息技术的人才数量较少，多数学校负责网络的技术人员无论是数量还是质量均不能满足迅速发展的需要，有的学校甚至仅有一两个人来维护网络运行和网站建设，而从事通信和多媒体的专业人员则更少。其主要原因是人才培养力度不够，高学历、高技术人才外流现象与其他学科相比更为严重。此外，各级各类管理人员、广大教师和学生的信息素养普遍较低，不能满足信息技术迅速发展的需要，也不能满足充分利用信息化设施和信息资源，发挥其应有效益的要求。

二、网络教育的特点

网络教育不同于传统的教学方法和教学模式。这种教学本质上是发挥学生的主观能动性，调动学生的学习欲望。教师在其中所起的作用是辅助并且引导学生完成学习。这是一种在网络技术下的新的学习方式和学习理论。由于教师角色的转换，学生的角色也从传统的教学关系中脱离出来，从被动的知识接受者变为主动的知识建构者。学生经过教师有效的组织、引导，与外界的信息环境建立联系，将外部知识自觉地转化为自身的知识。利用现代计算机技术及多媒体技术建立起来的虚拟课堂是网络教育最核心、最关键的基点。虚拟课堂打破了传统教学模式在时空上的制约，而成为一种自由、开放的教育方式。

由多媒体和网络通信技术相结合而建立的新的教学模式具有以下特点：

（一）多项互动的关系

由于网络的开放性特征，在新型的网络教育模式下，网络教育实现了多项互动的交流关系，主要包括学生与计算机、学生与老师、学生与学生之间的交互。首先，学生和计算机之间的交互指的是，学生可以通过网络获取一系列的网络资源，协助完成学习。其次，在完成学习的过程中，学生之间可以通过虚拟的网络教室进行相互交流，共享学习资源，共同完成学习任务。这个过程有效地培养了学生之间相互协作的团队精神。最后，当学生在自主学习中遇到困难的时候，也就是说，学生在求助计算机的情况下无法得到答案，或者无法完成学习任务，教师就作为引导者出现，帮助学生解决问题。教师成了网络教育模式下的最后把关人。

这种网络教育的最大特点是，教师与学生之间的交流不受时空的限制，通过网络课堂，学生可以随时向教师发问，教师也可以及时地向学生进行解答。在这样的交互式的学习方式下，学生与老师之间形成了一种平等关系。这有利于加强学生和老师之间的交流。这种教学方式一方面提高了学生学习的积极性，另一方面也保证了学习的质量。

（二）丰富的教学资源

网络技术在教学上的运用，最大的好处和优势就是可以及时地在计算机上搜索并且获取大量的教学资源。学生可以自由通过计算机，在网络上选取自己所需要的教学资源，轻松地获取知识，而使学习变成一件有意义的事情。筛选有效的教学资源的过程其实也是对学生识别能力的一种培养。

三、网络教育的模式

网络教育是一种现代的教学方式，在现代观念的影响下，实现了教师中心论向学生中心论的转向。网络教育模式最终要实现的目标是从填鸭式的教育方式走向自主性的学习方式。这无疑是对传统教学观念的一种纠正。教师逐渐地走下"神坛"，从传统的灌输式的"教"变成引导、辅助学生完成学习。

网络教育一般具有两种模式：一是自主学习模式；二是集体教学模式。自主学习模式要求充分地发挥学生的自主能动性，学生利用网站，选取自己学习的重点、难点以及学习的进度，并且可以随时通过网络与同学形成有效的交流、互动。这种学习方式摆脱了以教师为中心的教育，学生的学习完全变为了主动。集体学习模式是网络教育与传统课堂相互结合的一种新型的教学模式。在教学过程中，教师仍然采用常规的课堂教学，而在此过程中，教学的内容会提前由老师布置，学生在网络上获取资料，然后在常规的传统课堂上进行情景教学。这样，学生的学习成了一种自主完成的"游戏"，有效地调动了大家的积极性。在这种教学中不知不觉地完成了学生从质疑到提问再到解决的全过程。

四、网络教育的方式

在网络和多媒体技术发展之下建立起来的教学模式不仅改变了传统的教学模式，也改变了教学方式。在网络教育的参与下，教学方式变得更加丰富。这些基于网络教育所做的调整和改变对于教学的开展具有积极的意义。

目前，现有的技术一共有八种网络教育的模式：视频广播教学、视频点播教学、视频会议教学、多媒体课件教学、Web网页教学、BBS论坛教学、聊天室教学、E-mail教学。它们都各自具有特点，在网络教育中，教学方式的选取也并不是单一的，而是多种教学方式的综合运用。

（一）视频广播教学

所谓视频广播教学，就是通过视频播放的形式进行的一种教学方式，就如同播放录像资料一样。这是一种直播课堂的教学方式，但是存在一个巨大的缺点，就是学生在这种教学中并不具有主动性。它的优点表现为可以取消地域的界限，即使身处边远地区的孩子，也一样可以听到名师的讲授。

（二）视频点播教学

视频点播教学实际上是在视频广播教学基础上发展起来的一种教学方式。学生可以根据自身所具备的知识以及水平，选择适合自己的教学内容和教学方法。这就在一定程度上实现了学生的自主性。

（三）视频会议教学

视频会议教学是一种非常高端的教学方式，是对于以上两种教学方式存在的缺陷进行弥补的一种教学方式。它弥补了视频广播教学对于学生主体性的忽视，也弥补了视频点播教学实现互动交流的可能性。由于视音频设备的采用，视频会议教学可以在观看视频时随时提问。但是由于设备所需要的经费非常昂贵，所以这是一种较少采用的教学方式。

（四）多媒体课件教学

多媒体课件教学是目前通常采用的一种方式，是一种电子版的教材。

（五）Web 网页教学

WEB 网页教学和多媒体课件一样采用得比较普遍，就是把教材做成网页的形式，学生可以随时通过计算机浏览网页进行学习。

（六）BBS 论坛教学

BBS 是英文 Bulletin Board System 的缩写，中文意思是电子公告板系统，现在国内统称为论坛。作为一种公告系统，学生可以在论坛里随时发问，并且学生也可以对问题进行回答、交流。这种形式的教学有效地实现了师生之间的互动。

（七）聊天室教学

聊天室教学就是通过语音或者文字的方式进行的一种师生或者学生之间的沟通和交流。

（八）E-mail 教学

E-mail 教学就是通过电子邮件的方式所开展的一种教学，这种教学方式可以快速地传递自己的疑问和想法。

当然，这些网络教育方式要发挥其最大作用并不能单纯地依靠某一种教学方式或者只是单纯地依赖网络课堂。只有网络教育方式与传统的教学方式相互结合，其功能才会得到最大的发挥。网络课堂教学方式和传统课堂教学方式之间形成互补，从而实现真正的教学方式、教学模式的转变。

五、网络教育中存在的问题及其解决策略

就目前网络教育的运用来看，主要存在主客观两方面的问题。就主观因素而言，教师已经适应了传统的教学方式，数十年的教学经验、教学习惯，使他们一时之间并不能从传统的教学方式中转变过来。有一些实践经验比较丰富的老教师，由于不能熟练地操作电脑，而无法将网络教育运用于传统课堂。对于这种问题，学校方面应该定期地组织相关的培训，使年纪较大的老师可以进行相关的技能培训，最终使网络课堂与传统课堂走向融合。就客观因素而言，教学网站的资源不丰富，系统的、质量较高的资源较少，这就在一定程度上影响了教学的质量。同时，后期对于网站的维护工作不到位，很多学校只是在网站建立初期进行了大笔的投资，而在建立起网站之后，很少对其进行维护，这就不能很好地为教学服务。基于此，学校应该安排专业人员，定期给网站做维护。

网络在教学中的运用已经成为不可阻挡的趋势，它是实现传统教学转向的风向标，在网络教育模式下的新型教学更能跟上时代的步伐，更能出色地完成知识的传授。

在网络教育建设和发展中有待处理的关系有以下几点：

（1）处理好建设与应用的关系。网络教育建设成败的关键在于应用水平的高低和应用效益的大小，二者相互依存，相互促进，建设是为了应用，有效的应用又会促进建设的发展。因此，要坚持"以建促用，以用促建，建用结合，注重实效"的原则，充分发挥信息化基础设施和信息资源在教学、科研、管理等各个方面的巨大作用，实现高投入、高质量、高产出、高效益的建设目标。在处理建设和应用的关系时，还应做到网络建设与资源库建设并举，更加重视资源库建设；硬件建设与软件开发并举，更加重视软件开发；管理人员与技术人员培训并举，更加重视技术人员培训；提高技术水平和管理水平并举，更加注重提高管理水平，以促进信息技术的应用和软硬件设施的建设。

（2）处理好统一规划与分类指导的关系。统一规划是从网络教育建设的

实际出发，实事求是地制订科学合理的网络教育发展规划。开展网络教育工作，目的是充分发挥各省教育系统的整体优势和整体效益，避免重复建设，实现资源共享，减少资源浪费。分类指导就是各地区、各学校要根据全国和各省的规划，因地制宜，发挥各自优势，建设各具特色的信息化设施和应用系统。只有这样，才能确保区域网络教育协调、有序地健康发展。

（3）处理好广泛应用和安全防范的关系。网络是一把"双刃剑"，计算机网络信息量大，传播迅速快，并有高度的交互性和开放性，它的出现和普及给人们的生活方式带来了巨大的变革。网络对学生获取信息的方式以及学习内容的丰富都产生了深刻影响，对学生的迅速成才起到了促进作用，但也存在着让人忧虑的负面影响，如不加强管理和防范，必然会影响学生对是非的判断。因此，要采取安全防范措施，注意研究网络化环境下思想政治和网络文化工作的新途径、新方法，用健康的文化占领网络阵地，充分发挥其有利的一面，防止反动、腐朽、堕落的思想和信息在网络中的传播、泛滥。同时，还要加强网络安全管理，保证网络系统安全、稳定、高效地运行。

为了解决网络教育中存在的问题，可从以下方面着手：

第一，进一步加快网络教育基础设施建设。网络教育的基础设施及信息网络是网络教育发展所依赖的物化设备和物质基础，是信息跨时空流动的载体，它的发展程度直接关系到网络教育是否具备相应的物质条件。应大力兴建各省教育科研网的主干网，并实现高宽带、高速率、高稳定性、高可靠性和高安全性。启动城域网建设工程，以中心城市城域网为示范，带动周边城市城域网的发展，使辖区内高等学校、中等专业学校，以及有条件的中小学和教育管理部门互联互通。加快校园网络建设，提高网络建设水平，将校园网联结到学校的每个部门、每个单位和每个教师的家中，满足教育管理现代化及教师进行教学、科研的需要。同时，将计算机网络延伸到多数学生宿舍，满足学生通过网络自主学习的需要。

第二，启动省级教育信息资源系统建设工程，实现教育信息资源的"共建、共知、共享"，建立内容丰富、使用方便的教育信息资源库。资源是网络教育的基本保障，也是网络教育建设的核心。教育信息资源的建设要充分发挥教育行政管理部门及学校等多方面的积极性，指导和鼓励各省辖市和学校建立区域资源库及校园资源库，实现各省互联互动、资源共享。首先，根据需要，建立通用的，涵盖高等教育、基础教育、职业教育和成人教育的公共教育信息资源库，建立教育信息资源的查询、引导、管理系统。其次，以高速主干网为依托，启动建设区域"中国高等教育文献信息保障体系"。建设教育文献信息管理中心，按照学科分工，建设不同专业的文献信息中心及以全省本、专科高职为主体的一批高职数字化图书馆，不断提高电子图书、电子期刊的比重，以期尽快与"中国高等教育文献信息保障体系"接轨，实现高等教育文献资源的"共建、共知、共享"。最后，启动"多媒体和网络设备建设工程"，重点建设一批高水平、高质量和高效益的课件。

第三，大力开展各种网络应用，提高网络教育总体效益。在网络教育建设中，网络建设作为硬件只是手段，其最终目的在于应用。因此，要根据国家网络教育建设规划，大力开展各种网络应用。一是建设高等教育学历文凭电子注册认证系统，实行网上学生信息管理；二是在高职网上试行录取的基础上，扩大高职网上招生录取规模；三是着手建立以区域教育科研网为传输平台的"三网一库"，即教育系统内部的办公业务网、省市教育行政部门和各高等院校之间的办公业务资源网、各省教育公众信息网和教育系统共建共享的信息资源库，使省市教育行政部门内部的公文、信息、值班情况报告、督查、会议等主要办公业务实现网络化和数字化，逐步实现正式公文、会议通知、领导讲话、工作简报等无纸化传输，并依托教育科研网，为教育行政部门提供 VOD 视频点播、桌面电视电话会议、教育系统免费 IP 电话服务等。围绕各级各类教育需求，积极实施现代远程教育。在保证教育质量的前提下，适当扩大招生规模，增加招生专业和试点高职，积极探索网络环境下新的教育教学模式。

第四，努力造就一支高素质的信息化人才队伍。信息化人才队伍的建设是搞好网络教育建设的基本保障，也是网络教育建设能否顺利实施的关键。网络教育人才队伍包括技术队伍、师资队伍和管理队伍。要加强信息化专业技术队伍建设，培养一批现代信息技术高级人才，以满足网络教育基础设施建设、信息资源建设及其运行维护对高层次人才的需要。信息化人才培养的主要措施有：①各高职要加强信息技术教育专业的建设，保持合理的招生规模，加快培养信息技术人才和师资队伍；②采取各种形式，加强现有教师培训学习，提高他们信息技术的应用能力，在必要的时候可以实行持证上岗制度；③通过不同形式的宣传和培训等活动，强化信息化管理人员的管理水平和信息化意识，并建立相应的考核指标，作为任职考评与奖惩的依据等。

第五，建立多元化投入体制，为网络教育建设提供资金保证。网络教育离不开大量的资金支持。除了加大政府投入外，还要运用市场机制，吸引社会、个人和企业等力量，增加对网络教育的投资，同时吸引国际社会参与合作，多渠道筹措经费，增加对网络教育建设的投资，特别是要大力增加对经济落后地区的投资，缩小地区之间的差距，促进网络教育水平再上一个新台阶。

第六，引入市场竞争机制，加强教学软件、课件及教育信息资源建设。引入市场机制，促进软件基地建设。积极借鉴发达国家网络教育的发展经验，结合各省实际，应该倡导、鼓励和支持有实力的教育软件公司同教育科研专家及国内外先进的教育软件开发公司联合，建立软件产业基地。采取各种激励政策，如注入软件的研究开发资金，对做出突出成绩的单位和个人给予奖励等，以吸引产业集团和高职开发研制各类教育软件。采用各种激励机制，鼓励教师进行多媒体课件的制作和利用多媒体进行教学，对多媒体课件和科研成果，定期进行评定，对优秀的单位和个人实行奖励，并和定级晋升挂钩。在信息资源建设中同样要引进市场竞争机制，讲求投入产出的经济效益。

第六节　计算机网络环境下教育教学的反思

在网络时代的大背景下，产业环境急需具备高度创新能力的人才，信息化环境促使人们遨游于信息相对丰富的空间，具体到教育领域，信息技术得到了广泛的运用，发挥了举足轻重的技术性作用，同时，信息技术的普及和推广势必加速教学途径、教学手段、教学模式和教学内容的革新，最终使教学理念、教育思想和教育理论均发生深刻的变化。

一、网络信息在教育模式转变过程中的意义

网络信息不但是一类教学手段和教学理念，更是一类高效的学习途径，同时，还充当一类全新的教育教学组织形式。网络信息教育具备网络化、多媒体化、数字化、虚拟化和智能化等诸多特征。在信息技术突飞猛进的时代，对于职业教育学生学习能力的要求也在逐步提高，学生要力求在较短的时间内接受和掌握更为丰富的知识，进而向着高素质人才的培养方向有力迈进。然而，传统的教育教学效率已趋于饱和状态，教育的网络信息化正促使传统的教育模式出现

根本变化，主要体现在以下几方面：

（1）教学方式朝着信息化方向迈进，凸显学生的主体性作用。随着网络信息技术的日臻完善和成熟，教学必将从过往的以教师单方面传授知识变为以学生自主探究为主、教师点拨为辅的新型教学模式。学生在自主探究过程中，借助各类网络信息技术手段成功地得到各种所需的知识，进而顺利地完成探究学习的任务。同时，学生还可借由网络、多媒体等新媒介获取所需的教育信息，并快速搜索到各种有益的教育教学资源。

（2）网络信息教育打破了传统的时空界限，使教育教学模式得到极大更新。在传统的教育模式中，共享教育资源、开展交互式学习、进行终身教育及"无墙教育"等是难以做到的，网络信息教育作为一类崭新的教育方式，它的出现彻底打破了时空界限，经由计算机网络将各种教育资源延伸到全社会的每个地域，乃至整个国际社会，这才是现今真正层面上的"开放式大学"。

（3）教师角色得到了根本性转变。伴随教育教学信息化时代的来临，教师的角色不再是将知识系统地传授给学生，而代之以指引学生善于汲取和借鉴各种前沿的知识和技能，引导学生经由浏览各类电子图书、教育视频等途径按时完成大纲中所规定的专业课程。假若传统的教育模式是一位教师面向一批学生站在讲台上传授知识，而新型网络教育教学模式则正好相反，是一位学生坐在电脑面前，"身后"却拥有无数专家指导学习。网络信息教育使整个教学的开展方式发生了根本性的转变，教师仅履行筹划教学任务，辅导、点拨知识的职责，学生则成为教学的核心。

二、计算机网络教学中暴露的问题

（1）网络教育中未能充分地培养和造就学生的网络辨别能力。网络上拥有各种各样的信息，大多数是对学生成长和学习有正面影响的，然而，也有诸如垃圾信息、冗余信息等对学生的身心健康发展不利的信息类型。除此之外，少数学生沉迷于网络游戏、聊天交友，甚至进行一些对身心产生负面影响的网络活动。由于网络信息教育中未能将学生的网络分辨和识别能力的培养摆在重要位置，所以，极易造成学生在接触网络信息时迷失自我的状况。因此，教师要在教育过程中着力锻炼和塑造学生的自主甄别能力、强大的自我监督能力、较强的自主学习应用能力等。在教育教学实践的过程中，教师不能纯粹地只教书不育人，而要将两者统筹结合，增强学生的信息伦理意识、防范不良信息意识及判别网络信息的基本能力，进而自觉抵御腐朽的、落后的网络文化对身心的侵蚀，顺利地完成网络信息教育任务。

（2）网络教育中缺乏对学生计算机应用技能的培养。在网络教育中，一些学生虽能熟练地在网络上取得所需的信息，但仍存在相当一部分学生对计算机的基础常识及基本操作技能知之甚少，这类学生在网络环境中除会进行简单的游戏操作外，并未拥有熟练操作计算机的能力。在教育的每个环节，更好地培养全体学生的计算机应用技能成为一个永恒的课题。

（3）缺乏必备的实训基地及设备，学生实践机会较少。网络教育的实践与计算机组装养护等教育专业不同，并非仅需一台计算机便能供全部学生实践，比如，要建设局域网就需有若干台机器设备，同时也离不开各种网络器械和设备。因此，要为学生创建完备的、功能齐全的网络实验室，着力培养学生的实践技能，使网络信息教育教学活动更加适应技术发展需要。

（4）网络教育未能同就业完全挂钩。网络教学的主要目标是培养相关专业的职业技术人才，胜任相关领域的工作，例如，网站的开发设计、局域网的建设和维护、网络信息的管理和应用等。然而，事实上，仅有较少的学生能顺利担负相关的工作任务，为数不少的学生暂不具备同就业要求相符的职业技能。另外，不同学生之间的专业能力和素质不一，也在一定意义上给其顺利就业增加了难度。

三、对计算机网络信息教育教学的反思

（一）进一步深化计算机网络教育教学理论

目前对计算机网络信息教育的研讨大都集中在网络环境下的学生学习及其效果、基于网络环境下的教学模式及学习模式、基于网络环境下的教学资源和系统的开发、网络环境的教与学设计模型等，上述教育研究的内容构成了网络信息教学的主要框架。

针对网络环境下学习效果欠佳的因素，除设计层面的原因外，受教育者在新型学习环境中，缺少相应的学习方法及学习对策，教师与学生必须尽快适应各自转变后的新角色。角色的转变预示着一个全新的适应历程，这在讨论基于网络环境下的学习效果时是不可或缺的一个要素。在基于网络环境的教学资源

和系统开发上，现今所采用的教学系统主要以教学纸质材料为主，教学质量和效益相对低下，这些教学系统的一个突出特征便是把行为主义意义上的"刺激—反应"常识纳入网络空间中，把网络当作传递知识的新渠道，接受知识的学习人员自然从通过听力灌输转变成通过眼睛灌输。

（二）加强教师的职业素质

建设计算机网络仅是信息教育教学的一类辅助性手段，决不能代替教师，即使是在当前技术高度成熟的网络信息时代，学生的基本专业技能，仍然主要通过教师的传授取得。另外，对于社交能力及操作能力这类通过亲身参与才会产生的能力，就有赖于真实的环境平台做后盾，进而在实践的过程中去领会和感知。

事实上，传统意义上的教育模式正好营造了这种环境，学生可亲自操作信息设备，师生之间能方便地实现基本沟通，学生的专业素质依靠教师的不断指引而全面进步。而在网络信息教育模式下的学生，所面对的仅是一台"情感"缺失的计算机，能操作的设备只有恒定不变的鼠标和键盘。所以说，师生之间的沟通是整个网络信息教育中不可忽视的重要一环，传统的人际交流、人与人之间的思想沟通是网络信息教育所不能企及的，人与人之间进行思想、行为、精神的交流和传播，对于人类知识的汲取和能力的提高具有永恒不变的魅力。

（三）加大软硬件的建设力度

网络信息教育教学中必须强化软硬件建设的步伐，具体而言，在教学设计及施行的全过程中，需各种信息资源及信息工具的有力支持。要开展一场别开生面的网络信息教学活动，在软件层面上，需进一步搭建应用软件的平台，积极尝试运用多媒体这一视听结合的新媒介，展示优质课件及教学案例，同时，软件平台还能将电子文献、电子教案和题库等有益的教学材料得以生动展现；在硬件层面上，需进一步完善和健全网络教育的硬件场所设施。

（四）强化网络教育的研究

进一步发挥学生的自主性，在网络信息教育中推进师生教学理念的彻底转变刻不容缓。传统的教学偏重于教师"一言堂"的灌输，学生被动地接受知识，师生间缺乏互动，使教学效果大打折扣。网络教育时代背景下新型教师观的建立，需要教师从过去单一地传授知识变为现今做好教学管理，这就需要教师不失时机地更新知识结构及专业技能；学生则从被动地聆听知识变为课堂教学的主人公，也是教学知识的承担者和实践者，要具备创造性和自主性。

计算机网络信息教育的现代化不但需要前沿的教育设备，同时要依靠先进的教育理念、教育手段和异常丰富的教育资源，进而科学明确新型教育内容和教育手段，促进教育教学效果的稳步提高。

四、计算机网络教育的展望

网络教育是新生事物，产生与发展的时间不长。网络技术还在迅速发展中，网络技术与教育的结合日臻完善，人们对网络教育的认识也在不断深化。当前对网络教育的认识有多种观点，归纳起来主要有以下几种：

（1）网络是人们生存与发展的工具，是人们用来处理信息、传播信息的一种有用工具，是人类感官及功能延伸的工具。应该使学习者有一种使用信息工具来帮助自己进行脑力劳动的意识，同时培养学习者使用常用的信息工具来解决学习与生活中问题的能力，从而使网络成为人类认知世界的利器。

以多媒体教学技术和网络技术为核心的现代信息技术成为最理想、最实用的认知工具。学生以一种自然的方式对待信息技术，把信息技术作为获取信息、探索问题、协作解决问题的认知工具，并且对这种工具的使用要像铅笔、橡皮那样顺手、自然。

（2）网络教育是一种环境。网络可营造一种虚拟的、信息快速更新的环境。随着网络技术的发展，特别是虚拟现实技术的完善和更新，学习环境正经历着由场所向氛围、由物理向非物理、由实到虚的转变。网络环境是一个开放的环境，是一个鼓励自主学习的环境，是一个培养想象力和创造力的环境。人们的工作与生活都离不开网络，人类需要除了读、写、算文明以外的新的文明基础，即网络文化。如果人们达不到网络文化的基本要求，将无法适应网络信息社会学习、工作和生活的需要，无法参与竞争，成为网络社会的"文盲"。网络正以一种文化的角色影响着师生的交互方式、思维和观念。

（3）网络教育是一种学习方式。网络教育是以计算机、多媒体、通信技术为主体，学员个人自主的个性化学习和交互式集体合作学习相结合的一种全新的学习方式。

（4）网络教育是一种教育理念，是对人类教育自由的崇尚与人性自然的顺应，即为人类的教育消除各种限制与障碍提供最大限度的自由。网络教育不仅仅是一种方式方法，而且是一种观念，是将教育融汇于受教育者的自然生活之中，按需求教育者的生存方式、生存需要、生活习惯、生活节奏、生活状态和生活喜好来设计提供多种教育的形式，指导需求教育者主动地发自内心积极地选择最适合自身的形式来寻求教育。传统的教育只能照顾到一部分人，甚至是很少一部分人的发展，在很多情况下，多数人都成为陪衬者，多数人的潜能未能得到较好的开发。即使照顾少数人的发展，也是不全面的。这就违背了面向全体和教育平等的基本理念。网络教育为每个学习者提供比较充分和全面的教育，满足学习者全面而富有个性发展的要求，有利于发掘蕴含的发展潜能。

根据网络教育的优缺点，将网络教育与传统的学校教育相结合，实现优势互补是未来教育的发展方向。这种教育模式打破了传统意义上的学校教育、教学模式，是一种全新的教育体系。在这样的教育体系中，网络学校、传统学校，教师、学生，以及教育、教学评价方式都将发生巨大的变化。网络学校在教育过程中不再扮演配角，相反，它是活跃于教育舞台的主要角色，不再是传统学校的从属机构，而是与之抗衡的并行机构。

在未来的教育中，网络学校成为传播知识、创造知识、培养能力的主要场所，其核心任务是完成对学生必要的知识教学与能力发展。网络学校借助先进的网络技术，开发丰富的可视、可听、实时互动的网络课程和课件，为网络学习者提供丰富的课程与平等的教育机会。网络学校负责的是"学业教育"。

在未来的教育中，教师从直接的教育、教学工作者，变成学生学习、生活的指导者、协调者与服务者。服务于网络学校的教师，不再是知识的权威、课堂的权威，从真实的课堂走入虚拟的课堂，在网络技术的支持下，成为网络课堂的主持者，负责指导学习和反馈信息。而服务于传统学校的教师，从原来的知识教学的重任中解脱出来，其任务主要包括配合网络学校的课程，指导学生的"网外"实践操作，组织丰富的文体活动和社会实践活动，指导学生的身心健康发展等。此外，还有大批的教师从事网络课程的开发与研制。

在未来的教育中，学生的学习方式、活动方式将发生巨大变化。学生的学习是主动学习，可以足不出户，随时随地地学习网络课程，就所学的知识相互讨论，边思考边动笔，并在日常生活中灵活运用，真正将所学知识转化为自身财富的一部分。网络学习不仅是个体的主动学习，而且是一种互惠互利的合作学习。网络上的交流方式，打开了师生、生生之间的交流之门，有助于广泛地开展合作学习。在网络学习之外，学生还有必要参与传统学校的实践教育，以弥补网络教育的缺陷。

在未来的教育中，对学生的考核方式也从原来单一的考试形式变为考试与实践并重的考核形式。网络学校按照其课程要求，以学分制的形式考核学生，达标者则授予相应的学业证书。传统学校则以实践活动的方式考核学生，达标者相应地授予实践证书。学业证书与实践证书并没有主次、先后之分，两者都是社会衡量和选拔人才的标准。未来的社会需要会驾驭网络的实践人才，这就需要网络教育与传统学校教育相结合，为培养新型人才提供环境和条件，这是未来教育的发展方向，也是人们努力实践的方向。

第四章　计算机实践教学中计算思维能力的培养

第一节　认识计算思维

一、计算思维概述

（一）计算思维的概念性定义

计算思维的概念性定义主要源于计算机科学这一专业领域，计算思维是计算科学与思维或哲学学科交叉形成的新内容。计算思维的概念性定义主要包含以下两方面。

1.计算思维的内涵

按照周以真教授的观点，计算思维是指运用计算机科学的基础概念进行问题求解、系统设计以及人类行为理解等涵盖计算机科学广度的一系列思维活动。计算思维建立在计算过程的能力和限制之上，由人或机器执行。计算思维的本质是抽象和自动化。

计算思维中的"抽象"完全超越物理的时空观，并完全用符号来表示。与数学和物理科学相比，计算思维中的"抽象"显得更丰富，也更复杂。在计算思维中，"抽象"就是能够对问题进行抽象表示、形式化表达（这些是计算机的本质），设计问题求解过程要精确、可行，并通过程序（软件）等方法和手段"精确"地实现求解过程。也就是说，"抽象"的最终结果是自动执行。

2.计算思维的要素

周以真教授认为计算思维补充并结合了数学思维和工程思维，并在研究中提出计算思维的重点是抽象的过程，而计算抽象包括（并不限于）算法、数法结构、状态机、语言、逻辑和语义、启发式、控制结构、通信、结构。教育部职业院校教学（教育）指导委员会提出的计算思维表达体系包括计算、抽象、自动化、设计、通信、协作、记忆和评估八个核心概念。美国国际教育技术协会（ISTE）和美国计算机科学教师协会（CSTA）提出的计算思维要素包括数据收集、数据分析、数据展示、问题分解、抽象、算法与程序、自动化、模拟、并行化。CSTA 的报告中提出了模拟和建模的概念。

有关机构从不同角度进行的分析归纳，有利于计算思维要素的后续研究。计算思维要素的提炼进一步展现了计算思维的内涵，其意义在于：

（1）计算思维要素比内涵更容易理解，能够使人将计算思维代入自己的生活；

（2）计算思维要素是计算思维的理论研究向应用研究转换的桥梁，使计算机思维的显性教学培养成为可能。

（二）计算思维的操作性定义

计算思维的操作性定义源于应用研究，主要讨论计算思维在跨学科领域中的具体表现、如何应用及如何培养等问题。与具有学科专业特点的概念性定义不同，计算思维的操作性定义注重如何将理论研究的成果进行推广、跨学科迁移，以产生实际的作用，使之更容易被大众理解、接受和掌握。当前，国内对计算思维的研究并未集中在计算思维的系统理论上，而集中在如何将计算思维培养落地、计算思维如何在各个领域中产生作用等问题上。通过总结分析各位研究者的观点，本书认为计算思维的操作性定义主要包括以下几方面。

1. 计算思维是问题解决的过程

"计算思维是问题解决的过程"是对计算思维在人的行动或思维过程中的表现的描述。周以真教授认为计算思维是形式化表达问题和解决方案，使之成为能够被信息处理代理有效执行的思维过程。美国国际教育技术协会（ISTE）和美国计算机科学教师协会（CSTA）调查 700 多名计算科学教育工作者、研究人员和计算机领域的实践者，根据调研结果，于 2011 年联合发布了计算思维的操作性定义，认为计算思维是一个问题解决的过程，该过程包括（不限于）以下要素：

（1）界定问题，该问题应能运用计算机及其他工具帮助解决。

（2）符合逻辑地组织和分析数据。

（3）通过抽象再现数据。

（4）通过算法思想（一系列有序的步骤）形成自动化解决方案。

（5）识别、分析和实施可能的解决方案，从而找到过程与资源有效结合的最优方案。

（6）将该问题的求解过程进行推广并移植到广泛的问题中。

由此可见，作为问题解决的过程，计算思维先于任何计算技术被人们掌握。在新的信息时代，计算思维能力的展示遵循最基本的问题解决过程，而这一过程需要被人类的新工具（即计算机）所理解并有效执行。因此，计算思维决定了人类能否更加有效地利用计算机拓展自身能力，计算思维是信息时代最重要的思维形式之一。

2.计算思维要素的具体体现

作为问题解决的过程，计算思维不仅需要利用数据和大量计算科学的概念，还需要调度和整合各种有效的计算思维要素。计算思维要素是理论研究和应用研究的桥梁，提炼于理论研究，服务于应用研究。抽象的计算思维概念只有被分解成具体的计算思维要素，才能有效指导应用研究与实践。

3.计算思维体现出的素质

素质是指人与生俱来及通过后天培养、塑造、锻炼而获得的身体上和人格上的性质特点，是对人的品质、态度、习惯等方面的综合概括。具备计算思维的人在解决问题的过程中会表现出一定的素质。例如：

（1）处理复杂情况的自信；

（2）处理难题的毅力；

（3）对模糊 / 不确定的容忍；

（4）处理开放性问题的能力；

（5）与其他人一起努力达成共同目标的能力。

计算思维能够改变人的某些素质或使人养成某些特定的素质，从而影响人在实际生活中的表现。这些素质实际上描绘了一个高度发达的信息社会中合格公民的形象，使普通人对计算思维有了更深入和更形象的理解。

以上三方面共同构成了计算思维的操作性定义。操作性定义明确了计算思维这个抽象概念在实际活动中的体现（包括能力和品质），使计算思维这一概念可观测、可评价，为教育培养过程提供参考。

（三）计算思维的完整定义

计算思维的理论研究与应用研究密切相关、相辅相成。理论研究的成果转化为应用研究中的理论背景，应用研究的成果转化为理论研究中的研究对象和材料。计算思维的概念性定义适用于指导围绕计算思维进行的理论研究。计算思维的操作性定义适用于对计算思维能力的培养及计算思维的应用研究。计算思维的应用和培养是以实际问题为基础的，人应该在实际理解和解决问题的过程中体会、发展和养成计算思维能力。因此，计算思维的概念性定义和操作性定义共同构成计算思维的完整定义。计算思维的完整定义指导了计算思维在计算科学学科领域及跨学科领域中的研究、发展和实践。

1.狭义计算思维和广义计算思维

除计算思维外，人们还提出了网络思维、互联网思维、移动互联网思维、数据思维、大数据思维等新的思维形式概念。如果将概念性定义和操作性定义组成的计算思维称为狭义计算思维，那么由信息技术带来的更广泛的新的思维形式可被称为广义计算思维或信息思维。

2.计算思维的两种表现形式

作为抽象的思维能力，计算思维不能被直接观察到，计算思维能力体现在解决问题的过程中。其具体的表现形式有如下两种：

（1）运用或模拟计算机科学与技术的基本概念、设计原理，模仿计算机专家（如科学家、工程师）处理问题的思维方式，将实际问题转化（抽象）为计算机能够处理的形式（模型），进行问题求解的思维活动。

（2）运用或模拟计算机科学与技术的基本概念、设计原理，模仿计算机（系统、网络）的运行模式或工作方式，进行问题求解或开展创新创意的思维活动。

二、计算思维的方法和特征

计算思维的方法是在一般数学思维方法、一般工程思维方法、一般科学思维方法的基础上形成的。周以真教授将计算思维的方法归纳为以下七类方法：

（1）计算思维是通过约简、嵌入、转化和仿真等方法，把一个看起来困难的问题重新阐释成一个我们知道怎样解决的问题的思维方法。

（2）计算思维是一种递归思维，是一种把代码译成数据，又把数据译成代码的方法，是一种多维分析推广的类型检查方法。

（3）计算思维是采用抽象和分解的方法控制庞杂的任务或进行巨型复杂系统设计的方法，是基于关注点分离的方法。

（4）计算思维是一种选择合适的方式去陈述一个问题，或者对一个问题的相关方面建模使其易于处理的思维方法。

（5）计算思维是按照预防、保护及通过冗余、容错、纠错的方式，从最坏情况进行系统恢复的一种思维方法。

（6）计算思维是利用启发式推理寻求解答（即在不确定情况下进行规划、学习和调度）的思维方法。

（7）计算思维是利用海量数据来加快计算，在时间和空间之间、处理能力和存储容量之间进行调节的思维方法。

周以真教授以描述计算思维是什么和不是什么的方式对计算思维的特征进行了总结归纳。

计算思维是概念化的，是根本性的，是人的思维，是数学思维与工程思维的互补和融合，是面向所有人的技能，而不是程序化的刻板技能，不是计算机思维，不是人造物，不局限于计算科学。

三、计算思维能力的培养

（一）社会的发展要求培养学生的计算思维能力

随着信息化的全面深入，计算机在生活中的应用已经无所不在且无可替代。计算思维的提出和发展帮助人们正视社会这一深刻变化，并引导人们通过借助计算机的力量来进一步提高解决问题的能力。在当今社会，计算思维成为人们认识和解决问题的重要基本能力之一。一个人若不具备计算思维能力，将在就业竞争中处于劣势；一个国家若不培养广大公民的计算思维能力，将在竞争激烈的国际环境中处于落后地位。计算思维不仅是计算机专业人员应该具备的能力，也是所有受教育者应该具备的能力。我国教育领域应大力宣传计算思维，提倡并注重计算思维的培养，使学生具备较好的计算思维能力，以提高我国在未来国际环境中的竞争力。

（二）重视运用计算思维解决问题的能力

当前，各高职开设的计算机基础课程的教学目标是让学生具备基本的计算机技能，各高职计算机基础教育的本质仍然是计算机应用的教育。因此，各高职应在目前计算机基础教育的基础上强调计算思维的培养，将计算机基础教育与计算思维相融合，在进行计算机应用教育的同时，培养学生的计算思维。

四、计算思维的形成与发展

计算思维在我国古代数学著作中出现过，周以真教授将这一概念阐述得更清晰、更系统。

（一）计算思维的萌芽时期

计算是人类文明最古老又最现代的成就之一。从远古的手指计数、结绳计数，到中国古代的算筹计算、算盘计算，再到近代西方的耐普尔骨牌计算及巴斯卡计算器等机械计算，直至现代的电子计算机计算，计算方法及计算工具的发展对人类科技的发展起到重要作用。众所周知，高科技医疗器械"CT"（此处"CT"不指代计算思维）就是射线技术与计算技术相结合的创新产物，其理论的首创者和器械的首创者共同获得了 1979 年诺贝尔医学或生理学奖。其他与计算有关的诺贝尔奖获得者有：威尔逊，因重正化群方法获 1982 年物理学奖；克鲁格，因生物分子结构理论获 1982 年化学奖；豪普曼，因 X 光晶体结构分析方法获 1985 年化学奖；科恩与波普尔，因计算量子化学方法获 1998 年化学奖，等等。在我国，华罗庚与王元的华—王方法、冯康的有限元方法、吴文俊的吴方法，均是与计算有关的重大科学创新。

科研工作者们取得了如此巨大的成绩，但此时的计算并没有上升到思维科学的高度，没有思维科学指导的计算具有一定盲目性，并且缺乏系统性。思维方式是人类认识论研究的重要内容，无数哲学家、思想家和科学家对人类的思维方式进行过研究，并提出不少深刻的见解。恩格斯曾有精辟的论述："每一时代的理论思维，包括我们时代的理论思维，都是一种历史的产物，在不同的时代具有非常不同的形式，并因而具有非常不同的内容。因此，思维的科学和其他任何科学一样，是一种历史的科学，是关于人的思维的历史发展的科学。"[1]

1.（德）恩格斯原著.《家庭、私有制和国家的起源》导读 [M]. 天津：天津人民出版社，2009.

在思维方式横向分类方面，科研工作者们得到了很多研究成果：抽象逻辑思维与形象思维、辩证思维与机械思维、创造性思维与非创造性思维、社会群体思维与个体思维、艺术思维与科学思维、原始思维与现代思维、灵感思维与顿悟思维等。但是，此时的思维方式仅是认识论的一个分支，没有提升到学科的高度，缺少完整的学科体系。

20 世纪 80 年代，钱学森在总结前人研究工作的基础之上，将思维科学列为十一大科学技术门类之一，使思维科学与自然科学、社会科学、数学科学、系统科学、人体科学、行为科学、军事科学、地理科学、建筑科学、文学艺术并列在一起。经过 40 年的实践，在钱学森思维科学的倡导和影响下，各种科学思维逐步发展，如数学思维、物理思维等。这一理论体系的建立和发展为计算思维的萌芽和形成奠定了基础。因此，这一时期可称为计算思维的萌芽时期。

（二）计算思维的奠基时期

自从钱学森提出思维科学以来，各种科学在思维科学的指导下逐渐发展起来，计算科学也不例外。一些研究工作者提出并构建了计算机科学与技术方法论，还有一些研究工作者认为，计算思维与计算机方法论虽有各自的研究内容与特色，但它们的互补性很强，可以相互促进，计算机方法论可以对计算思维研究方面取得的成果进行再研究和吸收，最终丰富计算机方法论的内容；反过来，可以通过计算机方法论的学习使计算思维能力得到很大提高。一些专家认为，计算思维和计算机方法论之间的关系与现代数学思维和数学方法论之间的关系非常相似。

在这一时期，尽管出现了"计算思维"的说法，但并没有引起国内外计算机领域的专家和学者的广泛关注。直到 2006 年，周以真教授详细分析并阐明了计算机思维的原理，将研究成果发表在 ACM 杂志上，"计算思维"这一概念才得到了各国专家学者，以及包括微软公司在内的一些跨国机构的极大关注。与前面的成果相比，周以真教授提出的理论更清晰、更系统，并具有可操作性，这为国内外计算思维的发展起到奠基和参考的作用。因此，这一时期可称为计算思维的奠基时期。

（三）计算思维的混沌时期

2006 年以后，国内外计算机教育界、社会学界及哲学界的广大学者围绕周以真教授提出的"计算思维"进行了积极探讨。学者们依据自己的知识背景从不同角度提出了新的观点。

2008 年 1 月，周以真教授针对计算领域提出了"什么是可计算的？什么是智能？什么是信息？我们如何简单地建立复杂的系统"等多个深层次的问题，并进行了详细的叙述。她认为计算机科学是计算的学问，即什么是可计算的，怎样去计算。因此，她提出了计算思维的六个特征：概念化，不是程序化；根本的，不是刻板的技能；是人的，不是计算机的思维方式；是数学和工程思维的互补与融合；是思想，不是人造物；面向所有人、所有地方。后来，周以真教授在《计算思维和关于思维的计算》一文中指出：计算思维将影响每个奋斗领域的每个人。这一设想为社会，特别是为青少年提出了一个新的教育挑战。

计算机方法论中最原始的概念"抽象、理论、设计"与计算思维最基本的概念"抽象和自动化"都反映了计算最根本的问题：什么能有效地自动执行。郭喜凤等人指出，周以真教授发表有关计算思维的观点的目的是吸引更多有志青年学习计算机科学，这种观点既没有考虑选择计算机科学学习的经济学分析，又与计算机科学、计算机工程、软件工程、信息技术和信息系统五个专业方向范围明显不一致。在对比两者的基础之上，郭喜凤等人认为前者的概念相对于后者更具体、更狭窄，因此周以真教授的观点具有一定局限性。与此同时，国防科技大学人文学院的朱亚宗教授从人文历史的角度把计算思维归为三大科学思维（实验思维、理论思维、计算思维）之一。

计算思维究竟是一种什么思维？它有什么样的作用？对将来社会有何影响？不同学者对这些问题的认识分歧较大，因此这一时期可称为计算思维的混沌时期。

（四）计算思维的确定时期

2010 年 5 月，合肥会议讨论将计算思维融入计算机基础课程，以此培养高素质的研究型人才。2010 年 7 月，西安交通大学举办了首届"九校联盟（C9）"计算机基础课程研讨会，大会认为，要正确认识大学计算机基础教学的重要地位，把培养学习者的计算思维能力作为计算机基础教学的核心任务。会上发表了《九校联盟（C9）计算机基础教学发展战略联合声明》，其核心内容是：建设更加完备的计算机基础课程体系和教学内容，进而为全国高职的计算机基础教学改革树立榜样。

2010 年 9 月，太原会议决定以"计算思维：确保学习者创新能力"为主题申请立项，进行计算思维在学科教学中作用的全面研究。

2010 年 11 月，济南会议深入研讨了以计算思维为核心的计算机基础课程教学改革，并结合前期在太原召开的计算思维研讨会的结论，形成了"以计算思维能力培养为核心推进大学通识教育改革的研究与实践"项目，并上报教育部申请国家立项。

第二节　构建新型计算机基础课堂体系与教学实践统筹协调

一、以计算思维能力培养为核心的计算机基础理论教学体系

（一）教学理念

《高等学校计算机基础教学发展战略研究报告暨计算机基础课程教学基本要求》中明确提出四个方面的能力培养目标：对计算机科学的认知能力、基于网络环境的学习能力、运用计算机解决实际问题的能力、依托信息科学技术的共处能力。高职计算机基础教学应打破"狭义工具论"的局限，注重对学生综合素质和创新能力的培养。计算机基础教学不仅要为学生提供解决问题的方法，还要培养学生科学的良好思维方式。因此，计算机基础理论教学的重心由"知识和技能掌握"逐渐向"计算思维能力培养"转变，以潜移默化的方式促使学生用计算机学科的思维与方法去分析和解决专业问题，进而逐步提高自身的信息素养和创新能力。

（二）课程体系

1.课程定位

《九校联盟（C9）计算机基础教学发展战略联合声明》中明确提出，应把计算思维能力培养作为计算机基础教学的核心任务。这不仅指明了计算机基础课程改革的发展方向，也明确了计算机基础课程的定位。

2.课程内容

高职计算机基础课程承担着培养学生计算思维能力的重任，所以课程内容不仅要包含计算机学科的基础知识与常用应用技能，还应强调计算机学科的基本概念、思想和方法，注重培养学生用计算思维方法解决学科中的实际问题，

提高学生的应用能力和创新能力。

高职应根据全新的计算机基础教学理念来组织和归纳知识单元，梳理出计算思维教学内容的主体结构。教学内容要强调启发性和探索性，突出引导性，激发学生的思考，实现将知识的传授转变为基于知识的思维与方法的传授，逐步引导学生建构起基于计算思维的知识结构体系。教学内容还要强调实用性和综合性，设计贴近生活并具有实际操作性的教学案例，引导学生自主学习与思考，体会问题的解决方案中蕴含的计算思维与方法，并将其逐步内化为自身的一种能力。计算机基础课程内容要保持先进性，及时收录计算机学科的最新成果，引导学生关注计算机学科的发展方向。

（1）调整与整合课程内容

下面介绍某高职对计算机基础课程内容进行的改革与调整。首先，压缩或取消学生在中学阶段已学习过的内容，如操作系统和常用办公软件的介绍和操作等。其次，原先的课程内容多而繁杂，降低了学生的学习兴趣，也与日益减少的课时形成鲜明对比，所以适当删减晦涩难懂的专业名词和过于复杂的系统实现细节，把课程内容的重点放在介绍计算机的构成要素和抽象问题的求解方法上。最后，将课程内容模块化，例如将计算机课程分为计算机系统、网络技术与应用、多媒体技术、数据库技术与应用等教学模块，每个模块都以基于计算思维的相关知识点为内容，结合相关实际案例，让学生体会求解抽象问题的过程。该高职重新规划和整合计算机基础课程体系，在计算机组成原理、数据结构、数据库技术与应用等主干课程中增加具有计算思维特征的核心知识内容。在课程内容组织中，适当增加一些"问题分析与求解"方面的知识（通过对计算机领域的一些经典问题的分析和求解过程来详细讲授），培养学生的计算思维能力。经典问题有梵天塔问题、机器比赛中的博弈问题、背包问题、哲学家共餐问题等。此外，以典型案例为主线来组织知识点，将案例所蕴含的思维与方法渗透其中，以此来培养学生的计算思维能力。

计算机基础课程内容的更新速度永远跟不上计算机技术的发展速度，但是多年来，不论计算机技术如何层出不穷、应用如何令人应接不暇，支撑这些技术和应用的都是一些经典内容——二进制理论、计算机组成原理、微机接口与系统理论、编码原理，等等。这些经典内容是计算机基础课程的核心内容，计算思维能力的培养要从这些经典内容的学习开始。

（2）设置层次递进型课程结构

计算机基础课程体系以培养学生计算思维能力和基本信息素养为核心目标，包含必修、核心、选修三个层次的课程，是一个从计算机基本理论和基本操作到计算机与专业应用相结合、从简单计算环境认识到复杂问题求解思维形成的完整课程体系。

科学合理的课程结构设置对学生建构良好的知识体系具有重要意义。本书认为，可以在整个高职计算机基础教学期间采用层次递进、循序渐进的课程设置方式：在一年级开设计算机基础类课程，帮助学生初步认识和了解计算机学科；在二、三年级，开设计算机通识类课程（如图形处理、网页制作等），使学生加深认识，引发学生的学习兴趣；在高年级开设与专业相交叉的计算类课程，如在管理类专业开设数据库技术与应用课程，在艺术类专业开设多媒体技术课程，在理工类专业开设程序设计类课程，等等。

（3）计算机基础课程与专业课程相融合

计算机基础课程的教学目标是培养学生的计算思维能力，使其能利用计算机科学的思想和方法解决专业问题，所以计算机基础课程教学的最终落脚点是为学生的专业教育服务。为促进计算机基础课程与专业课程的整合与协调，实现计算机基础教育与专业教育的衔接，可采用如下具体措施：将全校专业按专业属性划分类别，如文史类、理工类、艺术类等，并根据专业类别特点制订不同的教学计划；根据教师的专业方向和兴趣爱好，建立不同专业的计算机基础教学教师团队，教师在教学中要充分考虑学生的专业需求，选择与学生专业相关的教学内容。

（三）教学模式

计算思维能力是基于计算机科学基本概念、思想、方法的应用创新综合能力。学生可运用计算机科学的思维方式和方法去分析、解决问题，并进行创新型研究。非计算机专业学生的计算思维能力培养重点是采用适当的方法使学生理解计算思维的本质并将其内化于思维之中，进而形成计算思维。

在传统的大学计算机基础课程教学模式中，计算思维能力一直存在于其他能力的培养中，比如应用能力、创新能力等。高职要有针对性地培养学生的计算思维能力，使学生能利用计算思维认识问题、分析问题、解决问题。

1. 分类教学模式

分类教学模式是以专业属性特点为整合依据，将所有专业划分为几个类别，如理工类、文史类、管理类、艺术类等，按类别分别构建计算机基础课程体系，同时按类别分别采用不同的教学方法和教学策略。

2. 多样化的教学组织形式

除采用传统的课堂授课形式外，教师还可采用专题、研讨、定期交流会等不同形式进行教学。教师应在教学的各环节有意识地融入计算思维训练，实现专业知识和计算思维能力的相互促进与提高，不断提高学生的应用能力和创新能力。

3. 以学生自主学习为主的教学模式

近年来，随着计算机技术的高速发展和快速普及，高职计算机基础教学涉及的领域越来越广，知识点越来越多，加上师资力量、配套设施及授课时间等限制，有必要让学生自学一些基础知识。这样做不仅节省了教学时间，提高了教学效率，还激发了学生的学习积极性。高职应加强网络教学资源平台建设和课程内容改革，完善学生自主学习的环境。

教师可将计算机基础课程与专业学习紧密结合，将课程作业转化为专业任务，从而激发学生的学习兴趣；帮助学生查漏补缺，通过布置任务提高学生的学习兴趣和自信心，增强学生的学习自主性。

（四）教学方法

1. 案例教学法

相比于枯燥、以简单罗列理论知识为主要形式的传统教学方法，案例教学法更能激发学生的学习兴趣，促使学生积极思考。教师可将案例教学法引入计算机基础课程教学中，用社会、生活、经济等领域的典型案例来调动学生的学习积极性；将案例与知识点结合起来，深化学生对知识点的理解和掌握。在体现计算思维的基础上，教学案例应与学生的专业相联系，教师要明确计算思维和专业应用的关系。案例教学法强调教师通过师生讨论问题环节，引导学生自主思考、归纳和总结。教师要有意识地训练学生的思维，让学生体会和理解如何用计算机学科的思维和方式去解决专业问题，进而培养学生的计算思维能力。

将典型案例引入课堂教学中，可以调动学生自主学习的积极性，激发学生的创造性思维，提高学生的独立思考能力和判断力。同时，各种案例可以让学生感受知识中蕴含的思维与方法之美妙，将知识化繁为简，帮助学生深入认识知识点之间的联系，在头脑中形成稳定而系统的知识结构体系。

案例教学法以培养学生的计算思维能力为目标，具体操作流程如下：第一，教师在教学中用恰当的方式引入问题；第二，教师引导学生自己分析问题，并将问题抽象为计算机可以处理的符号语言表达形式；第三，在教师的指导下，学生学会利用计算机的思维与方法来解决问题；第四，教师详细讲解在问题解决过程中的知识点；第五，学生自己总结与归纳所学到的知识与技能；第六，教师通过布置作业来检验教学效果。

2. 辐射教学法

计算机基础课程的属性决定了其内容必然是"包罗万象、杂乱无章"，有限的课时也决定了教师是无法面面俱到的。教师可以选择核心知识点为授课内容，采取以点带面的辐射式教学法，以核心知识为圆心，引导学生自主学习其他知识。

3. 轻游戏教学法

为改变课程内容枯燥无味、学生学习兴趣低等情况，教师可将教学内容以轻游戏的形式展示给学生。以程序设计类课程为例，教师可将一些经典算法案例以轻游戏的形式传授给学生，如交通红绿灯问题、计算机博弈等，这对培养学生的程序设计能力有很大帮助。

4. 回归教学法

在计算机基础教学中培养学生用计算机学科的思维解决问题的能力是非常重要的。如何培养学生将实际问题转化为计算机可以识别的语言符号的抽象思维能力一直是计算机基础教学工作中的难点。回归教学法可以很好地解决这个问题。计算机学科的很多理论源于实际应用，回归教学法将理论回归到问题本身。教师引导学生认识和理解计算机是如何分析和解决这些问题的，逐步培养学生的抽象思维、分析以及建模能力。回归教学法是一个从实际到理论、再从理论到实际的循环过程，有助于培养学生的抽象思维。

（五）教学考核评价机制

1. 完善理论教学的考核机制

（1）注重思辨能力考核

若课程考核以思辨能力考核为主，则学生的学习重心将是方法的掌握。课程考核应适当增加主观题的比例，重点考查学生解决问题的思路与方法；设置开放型答案，鼓励学生从计算机与自己专业相结合的角度阐述观点。

（2）调整各种题型的比例与考核重点

首先，在机考中提高多选题型的比例，增加有助于培养计算思维的考题。其次，填空题应强调思路的考核，以知识点为题干，以正确解决问题的思路为答案，实现思路与知识点的完美结合。最后，综合题应侧重于知识点、思维方法、专业应用能力的综合考核。

（3）布置课外大作业

大作业是教师根据教学进度和课程需要为学生布置的课程任务。大作业的选题要广泛，要求学生出产品。为完成大作业，学生必须查找很多相关资料，学习使用相关的应用软件。学生可以独立完成大作业或几个人合作完成大作业。教师布置的大作业应充分体现已学知识点中所蕴含的计算思维与方法，反映出计算思维的处理方法，并且要体现各专业的特点。

2.建立多元化综合评价体系

学生的学习是一个动态的连续发展的过程，单一的期末考试成绩不能准确反映学生的真实学习效果。因此，高职应改变过去以总结性评价为主的学生评价体系，积极构建以诊断性评价、过程性评价、总结性评价为基准的多元化学生综合评价体系。在对学生的学习积极性、课堂出勤与表现、作业成绩及考试成绩等方面进行考核的基础上，高职应适当增加对学生思维能力及创新能力的考核，应科学合理地安排不同考核项目的比例，积极创新考核形式与方法，不断完善学生综合评价体系。

教师教学效果的评价体系是整个学生综合评价机制的重要组成部分。可以通过完善教学督导制度、学生网上评教制度，定期组织教学观摩、青年教师讲课大赛等方式来提高教师的教学水平，进而提高教学质量。

（六）教学师资队伍

高职应吸收具有不同专业背景且从事计算机教学与研究的教师组成新型师资队伍，为不同专业背景的学生设计适合的教学方案，进行有的放矢的教学，使学生了解用计算机技能解决专业问题的方法，将计算机学习与专业学习紧密结合，加深学生对计算机技能在专业应用中的认识，进而提高学生的应用能力和应用创新能力。

（七）理论教材建设

教材是推广和传播课程改革成果的最佳载体，因此其既要具有先进性和创新性，又要具有适用性；既要体现计算机基础教学改革的最新成果，又要适合本校计算机基础教学的实际发展状况。在计算思维能力培养的新型理念指导下，高职应科学调整教材结构体系，系统规划教材内容，编写特色鲜明的高质量计算机基础课程教材。

还有一种新型教材编写思路，即在计算机专业学科的知识框架下，以非计算机专业的经典应用案例为引入点，阐述该应用所反映的计算机知识内容，详细分析如何根据问题建立模型、提取算法，如何将问题抽象转化为计算机可以处理的形式。这种教材编写模式对培养学生的计算机应用能力和计算思维能力具有革命性意义。

二、以计算思维能力培养为核心的计算机基础实验教学体系

计算机学科是一门非常重视实践的学科，人们的任何想法最终都要通过计算机来实现，否则就是空中楼阁、镜花水月。计算机基础实验教学是高职计算机基础教学的重要组成部分，在培养学生动手实践能力、分析和解决实际问题能力、综合运用知识能力以及创新能力等方面起着不可替代的作用。高职要以培养创新人才为目标，在计算机基础实验课程与理论课程体系和学生专业应用需求相结合的基础上，逐步形成以培养计算思维能力和创新能力为主线的多层次、立体化计算机基础实验教学体系。

（一）教学理念

计算机基础实验教学既是从理论知识到实践训练来实现学生知行合一的过程，又是培养学生综合素质和创新能力的过程。计算机基础实验教学要以为国家培养高水平创新人才为目标，以"理论与实践并重、专业与信息融合、素养与能力并行"为指导思想，以"学生实践能力和创新能力培养"为核心任务，将计算机实验教学与理论教学、实验教学与专业应用背景、科研与实验教学相结合，积极构建科学合理的分类分层实验课程体系，创新实验教学模式与方法，改善实验教学环境，倡导学生自主研学创新，注重学生的个性发展，在实践中激发学生的创新意识，不断提高学生的应用能力和创新能力。

（二）课程体系

高职应以计算思维能力培养作为大学计算机基础教学改革的核心任务，深入研究不同专业的人才培养目标和各专业对计算机技能的应用需求，并结合不同专业学生的特点，建立基础通识类、应用技能类、专业技能类三个层次的实验课程体系，以满足不同层次人才的培养要求。计算机基础实验项目的选择和设计要紧密联系实际，强调趣味性和严谨性，要反映不同专业领域的实际应用需求，以激发学生的学习兴趣，拓展学生的创新思维空间，培养学生的科学思维和创新意识。

基础通识类实验课程以基础验证型实验为主，学生通过这类实验能验证所学的理论知识并掌握基本操作技能。

应用技能类实验课程注重学以致用，以综合型实验为主，强调实验的应用性，通过淡化理论知识，强调计算思维与方法的学习，培养学生分析问题和解决问题的能力。

专业技能类实验课程强调计算机科学与学生专业的结合，培养学生利用计算机科学的思维与方法去解决实际专业问题的能力。课程中综合型实验和研究创新型实验所占比例大幅提高，对学生的创新思维、科研能力、实践能力、团队合作等进行全面训练，培养学生的自主学习能力、综合应用能力和创新能力。

根据学生的兴趣爱好和专业学习，高职可增设学生自由选择的实验模块，并且要科学合理地安排不同实验的比例，保障和优化基础层实验，重视综合层实验，适当增加研究创新层实验。每类实验的设计要尽量实现模块化、积木化，以满足学生的不同需求，便于学生根据自己的专业特点自主选择实验内容，促进学生的个性化发展，实现培养多层次高素质人才的目标。

（三）教学模式

根据高等学校计算机基础课程教学指导委员会公布的关于技能点的基本教学要求，高职应以培养学生的计算思维能力为核心，以培养多层次的高素质人才为目标，以学生的自身水平和专业特点为依据，科学制订每类课程的实验教学大纲，针对不同专业的学生选择不同的计算机实验项目，安排不同的计算机实验课时数，实施不同的计算机实验教学方法，将课内实验与课外实验紧密结合，逐步完善计算机基础实验教学体系。

1.分类分层次的实验教学模式

不同专业对学生计算机应用能力的要求不同，计算机基础教学应该与之相适应。对这些不同需求进行分析和归类后，高职可将全校专业划分为理科类、工科类、文史类、经济管理类、医学类、艺术类等几个大类，然后实施分类实验教学，根据学生的自身水平和发展定位实行分层次培养，逐步完善与计算机基础理论教学相配套的实验教学体系。

2.开放式的实验教学模式

计算机基础实验教学要以开放式学习为主，学生在教师的引导下，不断提高自主学习能力。在一些综合性较强的实践教学活动中，教师可让学生以小组为单位讨论和分析问题，并自行设计和实施解决方案，让每名学生都充分表达自己的想法，激发他们的创新思维，培养他们的创新能力。

3.任务驱动式教学模式

在计算机基础实验教学中，任务驱动式教学是一种基于计算思维的新型教学模式。在这种教学模式中，教师主要负责的工作是基本操作演示、提出任务和呈现任务、实验指导、总结归纳。在教师的指导下，学生通过自主学习和相互讨论，利用计算机科学的思维和方法去分析、解决问题。任务驱动式教学模式是教师选取贴近学生日常生活的计算机应用问题为实验任务（如设计一个图书馆管理系统、超市商品管理系统、电子商务网站等），促使学生产生强烈的求知欲。在教师的指导下，学生通过自主探索学习或小组相互协作，选择合适的计算方法或编程工具，在不断地调试和修改中最终完成任务。任务驱动式实验教学模式充分发挥了学生学习的积极性和主动性，在强调学生掌握基本操作技能的基础上注重培养和提高学生的计算思维能力。

（四）教学内容

计算机技术的快速发展促进了计算机基础实验教学方法的不断变革，教师要以先进的教育理念为指导，将先进的计算机技术与实验教学内容、方法和手段结合起来，推动计算机基础实验教学的改革。

计算机基础实验教学要以学生为主体，因材施教，对不同的实验项目、不同的学习对象、不同的专业背景均采用不同的实验教学方法（或多种实验教学方法相结合），激发学生实践创新的兴趣，培养学生的实践能力和创新能力。比如，对于基础层实验项目，主要采用教师现场演示与指导的教学方法；对于综合层实验项目，可采用学生分组互动讨论的教学方法；对于研究创新层实验项目，可采用开放式的学生自主实践的教学方法。另外，可在教学过程中融入其他教学方法，如网络教学方法可以运用于学生的课外实践活动中；目标驱动式教学可以运用于各类实验项目教学之中。在很多实验项目的实际教学中，教师可同时采用多种形式的教学方法，以此来提高课堂教学效果。以下介绍几种常用的计算机基础实验教学方法。

1. 目标驱动式教学方法

教师提出实验目标与实验项目，学生在教师的指导下自主完成实验的各环节，例如查阅资料、设计方案、上机操作与调试、实验结果测试、实验报告撰写等。这种教学方法有助于培养学生的自主学习能力，提高学生的实践能力和自主创新能力。

2. 开放式自主实验教学方法

在现有的实验环境中，学生根据自己的专业特点和兴趣爱好来自主选择指导教师和实验项目，然后教师对该名学生进行适当的实验指导，最后学生自主完成整个实验过程。开放式自主实验教学方法重视培养学生的自主学习能力和创新能力。

3. 小组互动讨论式教学方法

教师将学生分成若干个小组，并引导学生与小组成员讨论实验的设计方案、方法等，激发学生的参与热情，提高学生的语言表达与沟通能力，培养学生的团队协作精神。

（五）教学考核评价机制

计算机基础实验教学考核要突出对学生能力的考核，对学生的实验过程进行多点跟踪，如参与积极性、贡献程度等。除利用实验课程管理系统对学生的实验过程进行跟踪外，教师还可要求学生提供实验进度报告，以方便实时指导和检查，掌握学生的实验进度。

程序设计和实践操作类实验课程应逐渐取消笔试，采用上机操作或编程等机考模式，促使学生平时多思考、多实践、多操作，锻炼学生的科学思维和实践操作能力。

计算机基础实验教学考核的目的是客观而准确地评价学生的实验过程与实验质量，以促进学生提高自己的实践能力与创新能力。计算机基础实验教学中实验形式多样，强调过程与结果并重，因此高职应构建多样化的实验教学考核体系。考核体系中包含四种考核形式：平时实验考核、期末机考、实验作业考核、研究创新考核。

平时实验考核的重点是考查学生平时的实验课堂表现和出勤情况。期末机考的重点是考查学生的基本操作技能和综合应用能力。实验作业考核的重点是综合考查学生的自主学习能力、综合应用能力及创新能力。学生根据自己的专业自主选择实验作业考核的实验题目，自由组成团队，自主设计和实施解决方案，最后教师根据学生提交的实验程序和实验报告，以及现场演示和答辩的表现情况给出成绩。研究创新考核是为了鼓励学生积极参与各种形式的科研活动和计算机竞赛活动而设立的，以培养学生的探索精神、科学思维、实践能力和创新能力为宗旨。

计算机基础实验考核体系要充分考虑实验教学的各环节，对学生形成全面、客观、准确的评价，提高学生对计算机基础实验的重视程度。

高职要根据每类实验课程的要求和特点来采用不同组合的考核形式，并科学地调整考核形式的比例，如基础通识类课程可采用"平时实验 10%+ 期末机考 60%+ 实验作业 30%"的考核体系，技术应用类课程可采用"平时实验 10%+ 期末机考 40%+ 实验作业 50%"的考核体系，研究创新类课程可采用"平时实验 10%+ 实验作业 50%+ 研究创新 40%"的考核体系。

（六）教学师资队伍

高职应逐步优化师资队伍，支持和鼓励教师积极投身于实验教学教材的编写和实验教学设备的自主研制工作；鼓励教师将科研开发经验与计算机基础实验教学相结合，在不断提高自身科研水平的基础上，开发与设计一些高水平的综合性实验项目，丰富实验教学内容；完善教师管理体制，吸引来自不同学科背景的高素质教师参与和从事计算机基础实验教学及改革工作，逐步形成以专职教师为主、兼职教师为辅的混合管理制度。

（七）实验教材建设

实验教材建设是大学计算机基础实验教学工作的重点之一。实验教材建设要突出"快""新""全"："快"就是实验教材建设要跟上计算机技术快速发展的步伐，及时更新教材内容；"新"就是将计算机科学的最新研究成果和前沿技术融入教材中，将实验教学的最新成果及时固化到教材中；"全"就是高职计算机基础实验教学中的所有主干课程均应配有相应的实验教材或讲义。

计算机基础实验教材有两种：独立的实验教材、理论和实验合一的教材。高职应根据计算机基础实验课程的特点来选择教材，对于强调实践操作和实际应用的课程（如微机原理与接口技术、多媒体技术与应用、计算机网络技术与应用等课程），可选择专门的实验教材，而对于强调基础知识与技术的课程（如大学计算机基础、程序设计语言等课程），可选择理论与实验合一的教材。

高职应积极推动计算机基础实验教学理念、课程体系、教学内容、教学模式与教学方法、教学资源库建设等方面的改革，培养具有较强创新意识、科学思维能力、扎实基础、开阔视野的多层次高素质创新人才；以实验室硬、软件环境建设为基础，不断提高教学资源的共享与开放水平；以教学体系和管理体制改革为核心，不断提高实验教学队伍的整体素质水平；以科研来带动实验教学，不断提高计算机基础实验的教学质量。

三、理论教学与实践教学协调优化

（一）理论教学与实验教学统筹协调的教育理念

理论性和实践性是计算机学科的两个显著特点。理论教学是学生获取知识和技能的主要途径，是学生掌握科学思想与方法、提升科学能力、形成科学品质、提高科学素养的主要渠道。但是，如果只停留在理论教学层面，那么学生学到的知识就无法应用于实践。实验教学是高职计算机基础教学的重要组成部分，对培养学生综合运用计算机技术以及用计算思维处理问题的能力等具有重要意义。因此，高职应打破实验教学依附于理论教学的传统观念，树立理论教学与实验教学统筹协调的教育理念。

1. 理论教学与实验教学的协调关系

在知识建构方面，教育主要实现两个目标：第一个目标是尽可能地让学生积累必要的知识；第二个目标是引导学生不断地把大脑中积累和沉淀的知识清零，使其回到原始状态和空灵状态，让大脑有足够的空间接收新的知识。理论教学重在向学生"输入"知识，使学生处于吸收知识的持续积累过程，从而实现教育的第一个目标。实验教学重在将知识内化为能力，促使学生将积累和沉淀的知识转化为学生的某种素质或某种能力，从而实现教育的第二个目标。

（1）传授知识与同化知识相互协调

知识不可能以实体的形式存在于个体之外，尽管理论教学通过语言赋予了知识一定的外在形式，并且获得了较为普遍的认同，但这并不意味着学习者对同一知识有同样的理解。在思维过程中获得的知识（而不是偶然得到的知识）才能具有逻辑的使用价值。针对具体问题的情境，个体对原有知识进行再加工和再创造，这就是实验教学对知识接收者的同化过程。理论教学注重培养学生的陈述性知识，侧重于基础理论、基本规律等知识的传授，从理性角度挖掘学生的潜力，使学生的思维更具科学性；实验教学注重培养学生的程序性知识，侧重于拓展和验证理论教学内容，具有较强的直观性和操作性，把抽象的知识内化为能力和素质，从感性的角度培养学生的实践操作能力、分析问题和解决问题的能力，提高学生的综合素质。

建构主义学习理论认为，知识是学习者在一定的情境（即社会文化背景）下，借助他人（包括教师和其他学习者）的帮助，利用必要的学习资料，通过建构意义的方式而获得的，即学习者通过协作活动获得知识。这种知识的获得是无法仅通过理论教学实现的，只有通过实验教学过程中学生与学生之间、教师与学生之间的协作才能实现。在高职人才培养过程中，只有理论教学和实验教学互相协调、相得益彰，才能使学生更好地接收知识和领悟知识。

（2）提高素质与顺应素质相互协调

人的素质是指构成人的基本要素的内在规定性，即人的各种属性在人身上的具体实现及它们所达到的质量和水准，是人们从事各种社会活动所具备的主体条件。素质是主体的内在属性，具有不可测量性，人的素质决定了知识加工和创造的结果。

从教育功能上看，素质教育是人的发展和社会发展的需要，以全面提高全体学生基本素质为根本目的，是以尊重学生主体地位和主动精神、注重形成人的个性为根本特征的教育。素质教育贯穿高等院校人才培养的整个过程。目前，高等院校理论课程体系中渗透了很多素质型知识。由于高职教学条件和师资有限，教师只能进行"批量化的套餐式"教育，但素质的内在规定性决定了仅靠理论教学难以达到提高学生素质的目的。通过模拟和仿真现实环境，学生根据自身的感知和理解，会发现理论教学框架下建构的知识与现实环境不一致，不得不按照新的图式重新建构，这种重新建构的图式将因个人素质不同而不同，是一种"个性化自助式"的顺应素质过程。在整个教学活动中，"提高素质—

顺应素质—再提高素质—再顺应素质"是一个循环过程，起点和终点间存在着难以辨识的因果关系。

从教学体系上看，只有理论教学提供了顺应素质的素材，实验教学在素质教育的过程中才能实现顺应素质的功能。提高素质和顺应素质必须相互协调，从符合学生认知规律的角度出发，将提高素质和顺应素质有机结合，才能实现理论教学和实验教学在素质教育中的最大效用。

（3）培养能力与平衡能力相互协调

一个人素质的高低可以通过能力来衡量。建构主义认为，能力是"人们成功地完成某种活动所必需的个性心理特征"。它有两层含义：一是指已表现出来的实际能力和已达到的某种熟练程度，可用成就测验来测量；二是指潜在能力，即尚未表现出来的心理能量，通过学习与训练可能发展起来的能力与可能达到的某种熟练程度，可用性向测验来测量。心理潜能是一个抽象的概念。它只是各种能力展现的可能性，通过学习才可能转化为能力。能力很难衡量，但有高低之分。其中，能力培养的终极目标就是培养具有创新能力的高层次人才。创新能力的实现并不是一蹴而就的，而是通过由低级能力向高级能力的发展逐级实现的。当一种低级别的能力实现后，学生将向高一级别的能力进行探索和追求，通过自我调节机制，其认知发展从一个能力状态向另一个能力状态过渡，这正是建构主义理论的平衡状态。

理论教学为培养学生能力嵌入能力型知识，学生获取知识后，形成能力；实验教学通过"做中学"引导学生由一种能力状态向高级别能力状态探索，这一探索过程需要理论教学的支持。创新能力就是在这种"平衡—不平衡—平衡"过程中催生出来的。

2. 理论教学与实验教学的统筹协调原则

高职的人才培养质量既要接受学校自身对高等教育内部质量特征的评价，又要接受社会对高等教育外显质量特征的评价。以提高人才培养质量为核心的高等学校人才培养模式改革必须遵循教育的外部关系规律与教育的内部关系规律，理论教学与实验教学统筹协调模式的设计应注重社会需求与人才培养方案协调。在坚持这一原则的基础上，根据理论教学与实验教学的协调关系，要坚持实验教学体系与理论教学体系必须统筹协调这一原则。能力培养是教育的终极目标，因此还要坚持知识传授、素质提高能力培养这一原则。

（1）社会需求与人才培养方案相协调

高职教学改革的根本目的是提高人才培养质量。教育学理论研究专家潘懋元指出，"教育必须与社会发展相适应"，"教育必须受一定社会的经济、政治、文化所制约，并为一定社会的经济、政治、文化的发展服务"[1]。高职的人才培养质量有两种评价尺度：第一种是社会的评价尺度，社会对高职人才培养质量的评价主要是以高等教育的外显质量特征（即高职毕业生的质量）为评价依据，而社会对毕业生质量的整体评价主要是评价毕业生群体能否很好地适应国家、社会、市场的需求；第二种是学校内部评价尺度，高职对其人才培养质量的评价主要是以高等教育的内部质量特征为评价依据，即评价学校培养出来的学生在整体上是否达到学校规定的专业培养目标要求，学校人才培养质量与培养目标是否相符。

教育的外部规律制约着教育的内部规律，教育的外部规律必须通过内部规律来实现。因此，高等学校提高人才培养质量，就是提高人才培养对社会的适应程度，验证社会需求与培养目标的符合程度。

（2）实验教学体系与理论教学体系相协调

实验教学与理论教学是一个完整的有机联系的系统，只有课程体系的总体结构、课程类型和内容等在内的众多要素统筹兼顾，才能达到整体最优化的效果。将传统的教学过程中的课堂教学和实验教学分为彼此依托、互相支撑的两个有机组成部分，让课堂知识在实践过程中得到吸收和升华。根据人才培养目标和实验教学目标的形成机制和规律，在构建实验教学体系时，必须注意实验教学与理论教学的联系与配套，兼顾实验教学本身的完整性和独立性。

在教育理念指导下，学校总体人才培养目标衍生出理论课程教学目标和实验课程教学目标，根据社会需求与人才培养方案相协调的原则，产生理论教学课程体系和实验教学课程体系。在统筹兼顾的情况下，理论教学和实验教学课程体系联合产生专业教学计划，以满足学习主体岗位选择需要、行业选择需要和个性化选择需要。

（3）知识传授、素质提高以及能力培养

知识、素质、能力是紧密联系的统一体。许多教育家都倡导这样一种观点：教育不仅是授予知识，而且还在于训练，并形成能力。瑞士著名教育家戈德·斯密德也指出，大学教育应在传授知识的同时着重培养学生的多种能力。素质是

1.陈雅芳著.治校之道 女校长的管理文化与心理素质[M].厦门：厦门大学出版社，2005.

知识内化的产物。提高素质并将素质外显为能力是教育教学的终极目标，主体在知识同化、素质顺应过程中达到能力平衡。个体素质和能力的不同对知识的理解和应用知识的能力会产生很大影响。在实践中，很多学生在利用科学知识的过程中出现错误，其原因在于学生本身的素质和能力尚未达到理解和应用知识的高度。因此，在人才培养模式设计中要注重知识传授、素质提高、能力培养的相互协调，这样才能相得益彰。

（二）"厚基础、勤实践、善创新"的教学目标

"精讲"是相对于理论教学而言的，教师要精选知识点来重组教学内容，讲课要突出重点和难点，讲授内容精髓，启迪学生的思维，引导学生思考。"多练"是相对于实验教学而言的，适当调节理论教学课时与实验教学课时的分配比例，让学生有更多的时间上机练习相关的计算机技术与方法。在教学理念上，总体指导思想由无意识、潜移默化地开展计算思维培养变为有意识、系统性地开展计算思维培养，教师在讲解知识、操作的同时注重讲解其背后的思维方法。在教学方法上，突出应用能力和思维能力的培养，通过教学方法的改革展现计算机学科的基本思想方法和计算思维的魅力。

1.理论教学方面

理论教学目标从知识传授转变为基于知识的思维传授。学生在学习理论性稍强的内容，如计算机系统组成、计算机中数的表示时，感到抽象难懂，但这些内容是理解认识计算机学科的基础。教师在讲授这样的内容时应精心设计教学内容、案例，挖掘隐藏在知识背后的思维，讲授时简化细节，突出解决问题的思路，将先教后学的教学方式转变为先学后教的教学方式。大一新生对计算机基础课程中的很多内容已有不同程度的掌握，教师在讲授这部分内容时，可以在讲授前给学生布置任务，让学生结合具体的任务或问题自学；再在课堂上引导学生对问题进行进一步理解，这样能使学生更深刻地理解学习内容，培养学生的自主学习能力；还可让学生先自己查阅了解一些指定内容，然后在课堂上以讨论的方式开展教学。如讲授计算机的历史与未来、计算机对人类社会发展的影响、身边的信息新科技等内容时，让学生在上课前先思考、学习，教师引导学生进行思考、讨论，逐步开拓思维，培养学生分析问题的能力。

2.实践教学方面

实践教学目标应注重实用性、趣味性和综合性。实践教学是计算机基础教

学的重要环节，对培养学生计算机应用能力起着至关重要的作用。目前，计算机基础实践教学中还存在许多问题，如教学内容更新缓慢、学习的内容往往不是当前的主流技术；实践内容的选取脱离学生的实际生活，与学生所学专业脱节，学生不能学以致用，难以激发学生的学习兴趣；实践内容安排不够紧凑，教师的答疑引导不及时；上机实践过程的监控管理不到位等。针对这些问题，在实践教学中应着重做好以下几方面的工作：

（1）紧跟计算机技术的发展，及时更新教学内容、实验环境

只有学生学到当前主流技术，才能够提高自身的实际应用能力，高职也才能培养出应用型计算机人才。在设计实践内容时，应增强趣味性，案例贴近学生生活，结合学生所学专业，激发学生的学习兴趣，引起心灵共鸣。在实验内容设计时，除了设计一些让学生掌握基本知识技能的题目外，还应适当设计一些综合性题目，让学生感到所学内容实用、有用，并能解决学习生活中的实际问题。

（2）规范上机实训流程，强化总结反思环节

上机实训教学的展开，可按照"布置任务—学生实作、教师巡回指导—讲解总结"的顺序进行。实训前，教师首先布置上机任务，并对上机目标、内容、方法和注意事项等进行必要的介绍和说明。明确了任务，方法得当，学生才能够按照要求完成上机作业。教师巡回指导，及时发现学生在上机中的疑问，及时解答、指导，保证实训练习顺利进行，同时摸清学生实训情况，进而在下一阶段有的放矢地进行讲解总结。讲解总结是上机实践的最后一个环节，也是一个非常重要的环节。教师的讲解总结不仅要使学生掌握具体题目的操作方法，更要让学生领会解决问题的思路，锻炼举一反三的能力，引导学生进行知识拓展迁移，帮助学生反思内化。

高职应将理论教学和实验教学相结合，深化计算机基础教学改革，对理论教学和实验教学的组织结构进行实质性的整合，从体制上保证各项改革的顺利推行，统筹配置，实现教学资源的优化重组，创建教学与实验融于一体的"生态环境"，切实提高计算机基础教学的质量。创新计算机基础教学管理体制和运行模式，实现理论教学与实验教学相融合，教学运行将高效顺畅，教学效果也将明显提升。

第三节　创建多元化计算机基础教学体系

在高职计算机基础教学中培养学生的计算思维能力，仅仅通过课堂教学难以实现教学目标，应将课堂教学与课外教学结合起来形成合力，共同促进学生的学习。此外，课外教学不受时间、空间等因素的限制，弥补了课堂教学的不足。根据我国的科技经济发展水平、高职计算机基础教学发展现状及学生的认知特点，高职计算机基础课外教学体系应包含网络教学、专业技能训练、研究创新综合实践三个部分。

一、计算机基础课外教学体系

（一）网络教学

网络教学可支撑计算机基础教学实现时间、空间、内容的全方位开放，主要包含三个部分：教学网站、网络教学资源库和网络管理平台。

教学网站包含计算机基础课程体系以及各门课程的基本信息介绍、教学大纲、内容体系、学习方法、参考资料、考核形式、学生网上选课、教师论坛、学生论坛、学生提交作业与实验报告、在线考试与测验等板块，有利于学生进行自主学习。高职应在教学网站与课程网站及教师的个人网站之间建立连接，逐步完善网络教学平台的建设。

网络教学资源库将分散且无序的各种教学资源进行整合，是门类齐全、内容丰富多彩、使用简单便捷、有利于学生计算思维能力培养的网络教学资源库。其应包含音视频资料、教学课件、电子教材、历届学生优秀作品、典型案例、试题库等内容。教师针对教学中的重点和难点制作音视频和教学动画并发布在网络上，以便学生自主学习。教师重新整理历届学生的优秀作业作品，向全体学生开放和共享，供学生借鉴和参考。高职要重视网络教学资源库建设，不断提高教学资源的共享和开放程度，积极鼓励各位教师将自己的课程教学大纲、讲义、课件以及其他的课程资料在网络上共享，让更多的教师和学生能分享到优秀的教学资源和教学成果。

网络教学的正常运行还需要科学有效的网络管理平台来支撑。例如，课程管理平台可实现对整个网络教学过程进行全方位的管理，除具备发布课程讲义和课件、学生自主选课、提交作业和实验报告、在线考试与测验等功能外，还将教学管理、教学资源、教学测试、优秀作业展示等平台集于一体，形成一个以学生为中心的综合性网络教学体系。

　　同时，高职应积极推进实验教学的网络化，完善实验网络管理平台建设，继续加大实验室的开放力度，使其具备实验预约、实验时间和机位安排等功能，为学生提供自由、充足、高品质的机时的同时，还提供可自主选择的个性化实验环境。学生通过自主进行实验实现个性化发展。除建设配有各种实验设备的实验室和传统实验平台外，高职还应积极构建虚拟实验环境，如基于网络的程序设计虚拟实验平台、模拟网络配置的虚拟实验平台等，使学生在任何地点、任何时间都可以利用虚拟实验平台完成实验任务，提高实验教学效率。

　　高职应加强网络管理平台建设，完善机房管理系统、学习监控系统，积极开发其他的辅助管理系统，如作业网络管理系统、项目网络申报和管理系统等，不断完善其对教学网站、网络教学资源库的管理和服务功能，不断提高计算机基础网络教学的建设水平，以优秀的网络教学环境来促进学生的自主学习和个性化发展。

　　高职计算机基础教学网络环境以教学网站和网络管理平台为主要支撑，是高职计算机基础教学环境的重要组成部分。其是教师进行教学设计、教学内容组织与实施、指导学生学习及优秀教学经验共享的平台，为学生的自主学习提供了丰富且优质的学习资源，为学生的交流讨论及实践与创新活动提供了便捷的网络工具平台，为计算机基础教学提供了强有力的网络环境支持。

（二）专业技能训练

　　专业技能训练要为学生的专业学习服务，根据学生不同的专业应用需求和兴趣爱好，分别开展具有针对性的专业技能训练活动。例如，理工类专业的学生要加强计算机程序设计方面的技能训练，经济管理类专业的学生要加强数据库技术与应用方面的技能训练，艺术设计类专业的学生要加强多媒体技术与应用方面的技能训练。

（三）研究创新综合实践

　　计算机基础教学强调实践性，所以高职要根据计算机技术的发展趋势、不同专业的应用背景以及学生的兴趣爱好，积极构建以学生为主体的研究创新综合实践体系；要以良好的实践环境为前提，将教师的引导和学生的自主研发相结合，不断提高学生的科研能力和创新能力。在计算机基础理论教学、实验教学以及网络教学的基础上，高职要以学生的兴趣为导向，通过增加科研活动、科技竞赛、专题训练及产学研结合等实践环节来构建以学生为主体的研究创新综合实践体系。

1. 充分发挥科研的带动作用

首先，高职可以充分利用科研优势，结合教师的引导和制度化的科学管理，吸引学生积极参与由教师主持的科学研究项目；可以为学生提供独立的研究项目，从而激发学生的科研兴趣，使学生在教师指导下自主完成科研项目任务，提高学生的自主学习能力和研究创新能力。

其次，高职要将科研成果向计算机基础理论教学转化，将优秀成果向全国高职推广，将研究创新与计算机基础实验教学结合起来，自主设计反映计算机科学最新成就和前沿技术的教学实验，自主研制高水平的实验教学仪器与装置，并将其积极引入实验教学中。

最后，高职要依托科研优势，将科研中涉及的重点知识引入计算机基础教学，以前沿的学科问题来激发学生思考，让学生逐渐体会理论与实践、通识与专业以及学习与研究之间的联系。

2. 鼓励学生参与科技竞赛活动

高职要鼓励学生踊跃参与国际、国内、校内各种层次的计算机竞赛活动，如国际大学生程序设计大赛及竞赛、"挑战杯"大学生计算机应用能力竞赛、学校举行的计算机程序设计大赛等。在这些科技竞赛活动中，学生可根据自己的兴趣爱好自主选择参与项目，在教师的指导下自行设计方案，并不断验证和完善解决方案。这些参与过程不仅培养了学生进行自主研究和创新学习的意识，还提高了他们的实践动手能力、综合应用能力和创新能力。

3. 以产学研结合来促进创新人才培养

产学研结合即高职、科研机构、生产企业之间的合作，三者发挥自己的优势，形成将研究、开发和生产集于一体的先进系统，并在运行过程中充分体现出其综合优势。产学研结合不仅创造了"硅谷模式"，成为推动经济社会飞速发展的一股强劲动力，还可搭建创新人才培养新平台，以学校教学、科学研究、企业生产三者的力量来促进和提升学生的综合实践能力和创新能力。产学研结合的关键是实现高职与科研机构、生产企业的真正融合，为高素质创新人才培养提供广阔空间。

高职要坚持"引进来"和"走出去"，既要将业界著名专家、管理人员及研究人员等引入高职，让其授课，又要把学生输送到生产企业或者科研机构进行实践锻炼。另外，高职可以与科研机构、生产企业共建研发平台，在协同研究中推进高素质人才培养。高职还应加强与国际跨国公司及科研机构的合作，通过国际"产学研"结合探索创新人才培养的新途径。

二、计算机基础教学体系改革

高职计算机基础教学是培养学生计算思维能力的重要途径，也是培养学生综合实践能力和创新能力的重要环节，还是国家复合型高素质创新人才培养体系的重要组成部分。在当今信息技术快速发展的时代背景下，不断深化我国高职计算机基础教育教学改革，使计算机基础教学逐步适应计算机科学和信息技术发展的需要，是国家协同创新战略对计算机基础教学提出的重大要求。

（一）将计算思维能力培养与复合型高素质创新人才培养相结合

高职承担着为国家培养复合型高素质创新人才的重任，而在高职的复合型高素质创新人才培养体系中有一项重要的内容——以潜移默化的方式帮助学生形成一种全新的、科学的思维方式。因此，高职计算机基础教学应将计算思维能力培养与复合型高素质创新人才培养相结合，让学生真正掌握计算科学的基本理论和方法，培养学生的计算思维能力，从而为国家培养复合型高素质创新人才的战略目标服务。高职应树立以人为本、培养能力、提升素质、综合发展的新型教育理念，将培养具备计算思维能力、综合实践能力及创新能力的复合型高素质创新人才作为计算机基础教学改革的指导方向。

（二）推进计算机基础教学与专业教学的融合

当前，任何学科的问题解决都需要运用计算学科的思维与方法，所以高职应建立计算机基础教学与专业教学相融合的新型教育理念，促进计算机学科与其他学科的融合，以计算机学科的发展与进步来推动其他领域的发展。

要推进计算机基础教学与专业教学的融合，首先，要实现计算思维与学科思维的融合，将计算机学科中最具长期性和基础性的计算思维渗透到其他专业的教学中，以抽象和自动化的实例教学帮助学生在学科思维层面研究学科的根本问题；其次，要实现课程内容体系的融合，以学生的专业特点和应用需求为依据，构建计算机学科最小知识集合，并以知识模块化为基础，合理配置课程内容，以培养学生的计算思维能力为目标，实施分类分层次教学；最后，要实现教学手段与方法的融合，将先进的计算机技术与教学方法运用于专业教学的各环节，不断完善以专业思维训练为目标的教学体系建设，构建科学有效且可观测的能力培养综合评价体系。

（三）加强精品开放课程和资源共享课程的建设

各高职的计算机基础教育工作者对已有的优秀课程教学资源进行升级改造，实现精品课程向精品开放课程和资源共享课程的转型与升级。计算机基础精品开放课程建设要强调共享性和开放性，可采用高职和高职、高职和企业及学校与研究机构共建并协同发展的方法，充分发挥各高职的课程优势，共享优质课程资源。

（四）加强师资队伍建设，完善教师管理体制

以计算思维能力培养为核心的高职计算机基础教学改革的最关键的因素是师资。教师的观念转变和知识更新是高职计算机基础教学改革的重中之重。高职要定期聘请专家学者对教师开展相关的学术讲座或学习培训，促进教师知识和技术的与时俱进；吸引来自不同学科背景的高素质教师参与和从事计算机基础教学改革工作，逐步优化师资队伍在学历结构、职称结构及年龄结构等方面的配置；完善教师管理体制，聘请优秀的专家、教授成立教学督导组，对年轻教师进行"传帮带"；积极组织和开展青年教师教学技能大赛等活动，激发青年教师研究教学的热情。

（五）充分发挥示范中心的辐射作用，扩大资源共享和开放程度

充分发挥国家级计算机基础实验教学中心的示范和辐射作用，对优质的教学资源进行有效整合，形成一批具有示范作用的精品教育资源，如精品教材、精品课件、特色实验仪器设备等。加强院校之间的交流和合作，不断提高我国高职计算机基础教学水平。

（六）积极参与国际平台的交流与合作，共享全球优质教育资源

2012 年，哈佛大学、耶鲁大学、麻省理工学院等几所世界顶尖大学相继建立了网络学习平台，向学生提供免费的网络课程，MOOC（慕课）成为全球关

注的焦点。MOOC 是当代高等教育领域开放式教育资源运动的最新成果，实现了从单纯开放教育资源到课程体系与教学模式的根本性转变。MOOC 平台以推动世界各地教育的共同进步为目标，是一个面向全球的网络教学平台。全球学习者可突破时间和空间上的限制，通过平台学习世界名校的课程，共同分享全球最优质的教学资源。

第五章 高职计算机专业MOOC 教学模式

伴随现代新型学习理念的发展，传统教学方法不再适用于应用型能力的培养，MOOC的产生和发展弥补了这一问题。MOOC在国内外的发展已经逐渐进入成熟阶段，与此同时暴露出一些问题。本章内容分为MOOC的内涵特征、MOOC与教学设计的理论基础和MOOC翻转课堂教学模式的构建三个部分。

第一节 MOOC的内涵特征

一、MOOC的内涵

MOOC，即Massive Open Online Course，中文译为"大规模开放在线课程"，音译为"慕课"，人们也常把它理解为慕名而来学习的课程。维基百科给出的定义为：MOOC的目标群体是大众人群，与传统教学不一样，授课方式采取的是在线模式，人们只需要一台电脑就可以进行在线学习。MOOC是当今时代下的一种新产物，它具有相对完整的课程结构，是开放教育发展的新现象，是大数据和学习分析技术的教育应用中的新探索。

MOOC，由两部分构成，一是"Online Course"，也就是网络课程，这部分并不新鲜，差不多从网络兴起就开始了。另一部分是"Massive Open"，也就是大规模开放，这是与传统网络课程区分的重要特征。两部分是继承与发展的关系，MOOC的出现给网络课程带来了新生，这也是MOOC能在短时间内受到广泛关注的原因之一。事实上，MOOC可以结合传统课堂和在线学习的优势，教师和学者主张MOOC成为教育发展的主流模式。

2007年，美国犹他州立大学的戴维·维利教授开发了一门开放课程——开放教育导论（Introduction to Open Education），因而诞生了MOOC这种新的教学模式，这门课程对世界各地的用户开放，成为 MOOC 教学史上的开端。

2011 年秋天，迎来了 MOOC 的新篇章，美国斯坦福大学教授塞巴斯蒂安·斯朗与彼得·诺维格把为研究生开设的人工智能导论课程放在了互联网上，吸引了来自 190 多个不同国家的 16 万余名学生，并有 2.3 万人完成了课程学习。开放学习运动为各国机构、教育工作者和学习者之间的合作开辟了机会，并使教学和学习更有意义地参与进来。

二、MOOC 教学的特征和不足

（一）MOOC 教学的特征

1. 可扩张性

MOOC 的可扩张性特征是指其教育规模不受空间限制，可根据注册人数的增加而不断扩充教育容量。该特征由两方面因素决定：一方面，MOOC 得益于具有无限空间的网络平台，相对于传统课堂而言，具有无可比拟的空间优势，因此单一课程的教育容量具有无限扩张的特性；另一方面，MOOC 提供者无法准确预测课程学习者的数量，必须赋予 MOOC 无限扩充容量的特性。MOOC 具有传统课堂所不具备的可扩张性特征，能容纳成千上万名学习者同时进行同一课程的学习。一些顶尖大学知名课程的教学规模更是惊人。MOOC 的可扩张性大大拓展了单一课程的容量，提高了教育资源特别是优质教育资源的利用率。

2. 开放性

开放性是指 MOOC 提供方将课程相关资源上传至特定的网络平台上，任何人都可在该网络平台注册学习。MOOC 的开放性主要体现为两点：一是空间的开放性，即 MOOC 的资源大多呈现在相应的网络平台上，人们只要具备该网络平台所需要的基本条件就可注册学习；二是学习者的开放性，即 MOOC 不限制学习者的身份，学习者只要对该课程感兴趣，就可以注册学习。世界知名 MOOC 平台 edX 在其网站介绍中清晰地阐述了开放性这一基本特征："我们提供最优秀的在线高等教育，为任何希望成就自我、不断进步的人提供发展机会。"

3. 交互性

交互性是指在 MOOC 教学过程中，教师和学生通过网络平台进行交流的特性。MOOC 提供方充分运用现代网络通信技术，搭建社交网络平台，以便教师和学生进行交流互动。MOOC 的这一特性增强了网络课程的情景性，使网络课程学习更加接近真实课堂教学，激发了学习者的学习积极性，提升了教学效果。

4.国际化

MOOC 的另一个重要特征是国际化。MOOC 秉承开放性的教育理念，几乎所有的教学环节都通过网络进行，因此无论是课程提供方还是学习者，都呈现出明显的国际化特征。就课程提供方而言，世界各国的众多高校和教育培训公司已开始行动，希望在 MOOC 这一新兴领域占得先机。以 edX 为例，这个由美国哈佛大学和麻省理工学院主导的 MOOC 平台已经吸引了德国、加拿大、澳大利亚、荷兰、瑞典、瑞士、比利时、日本、韩国、印度等国的众多高校参与。就学习者而言，注册学习 MOOC 的学生也呈现出明显的国际化特征。例如，edX 开设的首门课程电路与电子的注册学习者广泛分布在 100 多个国家和地区。

5.自主性

MOOC 的自主性是指学习者在课程学习过程中较少受外界的约束或影响，更依靠个人努力，或者学习者在学习社区的帮助下进行学习。MOOC 注册者的学习动机是对知识的兴趣与渴求，因此其在课程学习中能发挥较高的主动性和积极性。对知识的共同兴趣促使学习者更容易组建网络学习社区，相互交流。麻省理工学院在对已开设的 MOOC 进行分析时发现，学习者自主开发了许多工具和软件供其他人使用，以共同解决在学习中遇到的各种问题，一个有序的学习生态社区就此形成。

（二）MOOC 教学的不足

1.MOOC 教学缺乏监督和沟通

MOOC 在不断地发展与完善，MOOC 具有学习资源的丰富性、学习形式的开放性及在线性的特点，国内高职多依附于 MOOC 开发平台进行应用。如郑州大学体育学院泛雅网络学习平台、郑州大学西亚斯国际学院网络学习平台等，通过平台设置，将用户定义为管理者、教师与学生。教师利用工号进行登录，具有编辑课程及设置考评、签到等的权限，通过课下将教学内容以视频格式上传至网络学习平台，并在线将课程体系内容撰写，按照程序设置要求完成课程上传及相关内容的设置；学生通过学号进行登录，根据自己的专业在课下对学习内容进行预习或者复习，在课上根据教师要求进行在线教学互动及管理的参与，有效调动学生学习专注度。但是，单一的MOOC学习难以达到实体课程教学的效果，在单一MOOC教学中学生学习过程缺少监督，仅有教师上传的教学内容，学生实际学习状态难以掌控，很容易出现学习应付或作弊行为，同时利用MOOC进行在线课程测试时，也容易出现疏漏，不利于学生正常学习过程的体验，不利于教师对教学过程的掌控及监督，更加缺乏师生间心理活动的及时互动交流。

2.MOOC教学平台管理维护不到位

当前网络学习平台已逐渐被国内各高职使用，精品学习内容会上传至在线学习平台，但是对于MOOC的管理及维护并不到位，较多的高职MOOC学习平台仅限于单向学习，即教师上传教学视频后，学生点击学习内容学习，缺少双向沟通，对于教学手段及内容的提高作用微乎其微，不利于促进教师教学手段和风格的提升，也不利于学生学习视野的开阔及学习方法的进步。在开放程度上比起常规MOOC学习模式较低，一般仅限于学院内部使用，难以做到校际的沟通与分享，限制了教师整体素质的提高，也造成了学习资源的浪费。

3.MOOC碎片化的教学时间限制

有些理论课程重视课程内容的整体构建，强调各部分内容之间的协调一致。时间是保障课程内容完整性的重要内容，传统的教学课堂为教师提供了足够的时间，教师可以系统地向学生讲解知识内容，学生也可以在集中的时间段进行课程内容的学习，从而对所学的知识内容更容易形成结构性的认识。另外，教材是教学内容的载体，课程整体性的构建离不开教材的呈现。现阶段高职教材主要是针对课堂教学进行设计编排的，每节课40分钟的上课时间，教师刚好可以完成一小节内容的讲授。而在混合式教学的条件下，学生通过MOOC观看教学视频，碎片化的学习时间无法构建课程整体性教学内容体系。

混合式教学模式的推行，使学生和教师之间可以利用在线平台进行关于课程内容的交流，然而，很多学习者并不是很愿意直接、主动地接触教师。在师生交流中，学生常常会感到恐惧，特别是在他们没有准备好学习的相关内容时。同时，学生也会担心自己的问题是否过于浅显，没有与老师讨论的必要或价值。因此，学生利用在线平台更多的是咨询课程要求、作业或学习进度的相关问题，涉及课程内容本身的并不是很多，混合式教学模式的在线交流功能并没有得到充分的利用，学生也难以从与教师的在线交流中获取对课程内容的进一步认识。

线上的 MOOC 学习过程中，学生主要停留在较为基础的理论知识，对内容之间的逻辑关系并没有进行深入的挖掘，而混合式教学条件下，老师对学生的线下授课主要集中在课堂讨论上，对基础理论知识的讲解时间会大幅缩短，课程内容之间的逻辑关系难以凸显。

4. 对学生自主学习情况的监督尚未形成有效合力

自主学习能力是大学生在学习阶段应该掌握的核心能力，在混合式教学模式下，自主学习能力的高低直接影响学生掌握知识的程度，以及对学科热点问题的关注程度。对"自主学习"阐述比较具有典型代表性的是北京师范大学的陈丽教授，她提出："自主学习是一种学生积极、主动参与整个学习计划和制订内容的自我选择和调整，学习过程的自我调节和监控，学习结果的自我预期和评价，在自主的学习过程中，学习者有强烈的内在动机，并产生积极的情感体验。"[1]由此不难发现，自主学习对学生自制力、自控力有着极高的要求，学生的主观意识在很大程度上决定着他们是否能够积极主动地参与到混合式学习之中，而这部分的具体状态又是难以用工具进行量化、监控的。

混合式教学模式把 MOOC 视频作为基础理论知识的主要传播渠道，将原本课堂讲授的时间转变为线上教学，学生对于课程内容的学习有了较大的自主权。大学生希望自主制订学习计划，但他们往往缺少时间管理的技能，以及把学习习惯和这些计划结合起来的技能，因而，很多学生难以成为独立的学习者。基于 MOOC 的混合式教学模式引进中国的时间并不太长，在高职应用方面也停留在初步探索阶段。这样一种客观的现实条件，使得混合式教学模式还难以提供强有力的技术保障来监督学生自主学习的情况。监控技术的不断完善发展需要投入一定的人力、物力、财力，而高职是否愿意及时突破这一技术障碍，就成了影响平台技术发展的重要因素。目前，高职对理论课程进行的教学改革主要集中在团队构建、课程开发等领域，对平台监控系统的进一步开发和完善还没有过多地关注。

三、MOOC 对我国教育的启示

在当下各种教学模式中，传统教学模式数年来一直占据主导模式，我国的传统教学，一方面传承孔子的教学思想，另一方面也深受赫尔巴特和凯洛夫等

---

1. 陈丽. 教育变革的力量 [M]. 重庆：重庆大学出版社，2019.

学者们的影响。传统课堂"传递—接受"以及与之相应的五环节（组织教学—引入新课—讲授新课—复习巩固—布置作业）课堂教学结构能较充分地发挥教师的主导角色，有利于教师与学生进行面对面的科学知识的传递，也是传统教学模式最主要的优点。选择传统教学模式作为科学知识传授的根本方式，最主要原因就是，该模式能够让学生真实地接触教师，进而记忆、学习更多的科学知识。该教学模式的教学成果主要表现为学生的学习成绩是否有所提升，而学生是否具有自主学习能力、是否掌握学习方法等则不能进行检查、验收。赫尔巴特、夸美纽斯等学者都非常重视课堂教学，他们更为关注科学知识是否传递给学生，学生是否充分记忆、掌握课堂知识，仅仅错误地将学生机器化，而忽视了人的本质。传统教学模式作为经典模式，其历史功绩毋庸置疑。但随着技术的发展进步，这种单一的模式却很难跟上时代的发展与新时代人才培养的要求和节奏。

传统教学模式更为注重老师教学这一过程，而忽视学生是否能够高效地吸收所学知识。该教学模式更加注重教师的教学权利和威望，科学知识的教授过程基本就是灌溉式、填鸭式的模式。学生与老师互动的唯一模式就是：老师提出问题，学生根据既有的知识进行回答，然后老师进行评判，并给出分析，学生加强记忆。该模式中，学生基本不能按照自己的想法回答问题，只能根据答案进行回答，缺乏自我思考问题、总结问题的能力。整个教学过程也是严格按照学校、教师统一制订的教学计划进行，不允许进度被极具"潜在价值"的质疑打断，这对培养学生独立思考能力起了一定的反作用，一定程度上扼杀了学生个性的发展。

现行教育制度下，考试成绩是评判学生学习好坏的唯一标准。学生仅求把眼下的题目做对，在学习过程中缺乏创造和创新意识，甚至连在解题中举一反三的能力也难以被有效培养，知识在脑中只是为考试短暂存储，一旦考试结束，便开始迅速遗忘，没有内化为能力，所以才会出现大量所谓"高分低能"的学生。

随着全球经济发展逐渐复苏，我国基础教育领域投资不断加大，同时政府积极推进教育信息化建设，最近几年我国在数字化教学领域取得了丰硕的成果，将教育与信息化高度融合。从20世纪90年代开始，我国开始出现数字化教学资源库供应商，在基础教育领域表现尤为突出。在基础教育阶段，受政府积极推进教育信息化政策影响，开始大批量出现网络视频教学课程，这些教育信息化改革对作为教学一线人员的教师培养起到了巨大的作用，极大地促进了教学改革创新。同时，也大大促进了学校教师在利用网络教育资源情况下开展更为丰富多彩的教学活动的积极性与思维转变。随着信息技术的发展，传统义务教育阶段的教学模式也随之发生变革。传统教学法主要强调知识的学与教，即知识的传授，而往往忽视学生个人综合能力的提升。一般情况下，实现知识教授的最主要的场所就是教室，学生在教室内按照既定的学习计划进行学习。

作为现代教育思想和先进教育技术相互融合的新时代产物，MOOC在诞生之初就显示出强大的生命力，并对传统教育模式产生了巨大影响，甚至有人认为MOOC对传统教育来讲将是毁灭性的打击，但随着对于MOOC认识的进一步加深，我们逐渐意识到MOOC并不会也不可能取代传统教育，相反MOOC可以作为传统教育的重要补充，促使传统教育摆脱积弊、改革创新、焕发新的生机和活力。

学习过程并不是静止、被动、单一的过程，学习既是知识的获取，也是知识的发展，既是教师的教，也是学生的学，在实际教学中，都无法通过单一的、普遍使用的教学模式完成教学任务和达到教学效果。"互联网+"已经成为不可逆转的时代趋势，渗透到各个领域、各个方面，对于教育而言，需要而且必须借助科技的力量，以教育为本，以积极开放的态度去迎接"互联网+"时代的到来，突破教育资源在空间上和时间上的局限，实现优质教育资源的共享。

以互联网技术为核心的信息技术发展，使人类的生产、生活方式发生了重大改变，教育教学也概莫能外，基于MOOC的混合式教学模式即信息技术应用于教育教学的一个典范。这种教学模式将MOOC教学与传统教学有机结合，在时代性、灵活性、趣味性等方面表现出新的特点。高职课程是与时俱进的学科系统课程体系，必须不断创新教育教学方法，适应时代变革和大学生成长成才的需求。将基于MOOC的混合式教学模式运用到课程教学之中，并不是对传统课堂教学的全部倾覆，而是在新的发展高度上重新审视学科教学现状，以期用混合式教学思维弥补以往教学的缺陷和不足，提高教学实效，实现高职理论课建设可持续发展。

从国内外的高职教学理论和实践发展的历程来看，MOOC教学平台是改革传统课堂教学交互性不足、无法满足个性化学习需求等弊端的必备教学环境。除了建设和应用各校自己的教学资源外，他们还大力借助MOOC平台提供的其他海量课程资源以提升课堂教学质量，形成了各具特色的混合式教学模式，并从建构主义、人本主义教学理论的角度对这一模式进行了理论阐发，形成了自成一派的混合式教学理论。

第二节　MOOC与教学设计的理论基础

一、MOOC 的发展

（一）国外发展

2008 年，加拿大学者戴夫·科米和布赖恩·亚历山大首先提出了 MOOC 这个名词，即大规模开放在线课程。基于这个理念，加拿大学者乔治·西蒙斯和斯蒂芬·唐斯在同年开设了联通主义与联结知识课程，参与课程的除了 25 名在校生，还有 2300 名外校生，他们通过各种网络工具共同完成了这门课程的学习，这是第一门真正意义上的 MOOC 课程。2011 年秋，斯坦福大学率先开设了三门 MOOC 课程，每门课程都吸引了 10 万以上的人参加，其中斯坦福大学的终身教授塞巴斯蒂安·斯朗与彼得·诺维格开设的在线课程人工智能导论，吸引了来自全球 190 多个国家的 16 万名学生参与学习。2012 年，塞巴斯蒂安教授与同事共同创立了 MOOC 学习平台 Udacity，希望与顶尖大学的一流教授合作，将数学、技术、科学和工程领域的课程免费开放，让世界范围内的学生能够享受到世界顶级大学提供的优质教育资源。

2012 年，MOOC 的井喷式增长以及三大 MOOC 平台的建立奠定了 "MOOC 元年" 的坚实基础。2013 年，MOOC 热度持续不减，除了麻省理工学院、斯坦福大学等先驱院校的持续行动外，一些较为知名的公司和院校也积极投身到 MOOC 的实践中去；皮尔森宣布与 Udacity 平台建立合作，需要获得 Udacity 课程证书的学生可以在皮尔森的考试中心完成课程结业考试，谷歌联合 edX 推出 MOOC.org 在线课程制作平台；英国开放大学联合 20 多所大学推出了 MOOC 平台 Future Learn，免费为全球学习者提供来自英国开放大学及英国 20 多所高职的在线课程。

斯坦福大学研究生院的首席技术官在《大规模在线开放课程：慕课革命》中将大规模在线开放课程认为是一个颠覆性的技术，正在促使着以技术为基础的教学，以及学生整体经验再概念化。自 MOOC 兴起以来，平台建设一直都是学者关注的重要问题。从 Udacity 与 Coursera 的建成运转到 edX 课程的火速上线，美国乃至全球的三大标志性 MOOC 平台就这样在 2012 年全部上线，不仅由此拉开了在线教育 2.0 时代的序幕，也让《纽约时报》将 2012 年评定为"MOOC 元年"。随着平台的进一步完善，MOOC 取得了突破性的进展，美国多所知名大学也纷纷宣布与 MOOC 提供平台建立合作关系，共同促进高等教育发展。

除了 MOOC 的三大巨头，Blackboards、Instructure、Google 等也纷纷开始创设自己的 MOOC 平台，并积极鼓励教师在其平台上建设公开课。国外学者围绕 MOOC 平台的研究也层出不穷，主要集中在平台之间的比较研究、各平台的特点、与高等教育的关系等方面。美国学者乔纳森·哈伯就在《慕课：人人可以上大学》一书中介绍了教育界与科技界的开源运动，指出了不同平台的优势与劣势。他们认为大规模开放在线课程受到欢迎的原因在于其拥有众多的课程平台，能够向学习者提供更多的各种高质量的课程学习，讨论了互动软件实验如何添加到使用先进的 MOOCs OpenHPI 和 instantlab 之中，提出了一个混合 Xcloud 云架构，这些研究对推进 MOOC 平台建设都有着积极的意义。

国外学者越来越趋向将 MOOC 作为一种工具化的学习方式，强调在混合式教学模式中发挥 MOOC 平台的交互作用。在《利用大规模在线课程（MOOC）教授创业》一文中，国外学者指出 MOOC 课程正在从根本上改变人们接受教育的方式，利用 MOOC 在线平台可以有效加强学习者与多方之间的交流互动，增强平台作为知识工具的通用性和流通性。劳拉在《MOOC 年》中，从课程质量、学生的互动情况等方面分析了 MOOC 作为一种新型的教学模式如何将教育与社交网络紧密联系在一起，提出 MOOC 平台在课程建设中具有重要的战略地位。同时，要充分发挥平台在混合式教学中的连接作用，通过不断完善 MOOC 教学平台推进混合式教学新的尝试。

随着 Courscra、edX、Udacity 等 MOOC 平台的出现，逐渐形成了一个新的研究领域，MOOC 也成为美国乃至全世界的一个研究新导向，引发了信息技术应用于高等教育领域的新浪潮。除了政府的支持之外，社会团体、教育机构也非常注重 MOOC 的建设和应用开发，各个组织机构也从建设与研究两个维度开展对慕课及其教学模式的探索。

当前各国对 MOOC 的建设主要表现在：一方面积极加入 Courscra、edX、

Udacity 等已有的国际化 MOOC 平台，在其上开设优质 MOOC 课程供世界各地的学习者学习：另一方面结合本国国情，进行 MOOC 平台的本土化，建设具有本国特色且适应本国发展的 MOOC 平台。

在国外，对影响 MOOC 完成率的因素分析的研究较多。有研究从心理学的角度分析，认为学习者的自我控制能力、学习动机和数字素养等特质是影响 MOOC 完成率的重要因素，同时学习者加入论坛讨论、观看课程视频、同伴互评等学习行为也是影响 MOOC 完成率的一个重要因素。爱丁堡大学通过在 Coursera 上开设的一门课程对学习者参与讨论创建的内容、学习行为产生的数据等统计分析发现，大规模学习的效果不是十分理想，他们并不赞成开展大规模教学。此外，课程设计、学习者和老师及同伴的互动在很大程度上也影响着课程的完成率，有研究发现，运用建构主义教学法更能吸引学习者参与学习活动。使用在线学习资源和在线工具能较好完成学习任务，尤其是发帖和阅读论坛上的帖子。基于 MOOC 的翻转课堂、混合式教学、合作学习等教学方法能将传统的面对面课堂教学与网络学习有机结合起来，逐步达到教学效果的最优化。还有学者进行了基于合作学习的研究，研究认为小组学习效果更好，同时在小组学习中解决困难的经历给人印象更加深刻。即使关于 MOOC 研究的成果设计的领域较多，但目前针对课程设计的研究较少，相关研究主要集中在理论框架和具体课程案例的设计上，有研究对 76 门 MOOC 课程的教学设计质量进行了评估，发现大多数 MOOC 课程虽然包装较好，但教学设计质量较低。还有研究关于 MOOC 对高等教育机构和教师的影响展开了探讨，认为转变教育教学观念、促进教师角色转变和加强信息化教学能力是实现教师角色重塑的三个关键点。

国外对基于 MOOC 的混合课堂模式的实践研究有很多：西澳大学使用美国斯坦福大学 Class2Go 平台上所提供的 MOOC 课程实施混合课堂教学，实践结果表明，学生的成绩均有所提高。圣何塞州立大学利用麻省理工学院的 edX 教材 6.002x 设计出一套混合课堂的教学模式，以此来进行大二课程电子与电路分析课程的教学，提升了学生的保留率，并大幅提升了课程的通过率，其中 C 或者 C 以上成绩比从 65% 提高到 91%。范德堡大学的费雪教授利用 Coursera 平台所提供的 MOOC 的课程资源，设计出一套混合课堂教学模式，并将这种模式应用到数据库和机器学习的课程中去，这种新的教学模式受到学生的热烈响应，获得了很好的教学效果。阿尔伯塔大学对三门课程进行"面授＋网络学习"的混合式教学的实践表明，课程内容与学生的学术水平是决定混合式教学水平的重要因素，学生在混合式学习环境中的平均表现优于单一的面授环境。安德森等通过挖掘 Coursera 上机械学习与概率图模型两门各三次课的数据记录发现：学生的最终成绩与他们观看视频、完成测验的次数成正比，活跃程度越高的学生一般最终成绩就越好。

（二）国内发展

自 2013 年起，国内对 MOOC 教与学相关课题的研究越来越多，张丹认为，为了应对 MOOC 时代的挑战，教师角色的重塑应该从转变教育教学理念、促进角色转换、提高综合能力素质三个方面实现。韩锡斌等人从教育学的视角，分析了 MOOC 的教育学特征，提出了 MOOC 优化设计的原则，并以 edX 上的一门课程为案例通过教学分析提出了改进方案。郑燕林等人探讨了 MOOC 教师如何从意识层面、规划层面与实践层面实现教学领导力的自我提升。孙力等人在对 MOOC 本土化的现状和发展方向研究的基础上，构建出了三种同伴互评过程模型，通过评估和应用发现运用该模型的同伴互评系统在学生规模较大的情况下得到的结果更加可信、精确和有效。杨玉芹在已有 MOOC 研究和在线学习模型的基础上构建了 MOOC 学习者个性化学习模型，对 MOOC 个性化学习过程及支持条件进行了分析。曾明星等人将 MOOC 和翻转课堂有机融合，并构建了一个由情境、交互、体验、反思融为一体的深度学习场域。牟占生等人以 Coursera 平台为依托，设计出了基于 MOOC 的混合式学习模型，通过在具体教学实践中应用，证明该模型对增强学生学习兴趣和提高成绩有积极的作用。谢幼如等人在后现代主义教学观的指导下，提出高职 MF 教学模式，通过教学实践，形成了"基于移动终端的高职公共课""基于课程群的专业综合实践""基于个人学习空间的专业基础课"三种应用模式。

2013 年 5 月，清华大学、香港大学和香港科技大学三所大学先后加入 edX，成为该同盟的第一批亚洲成员；同年 7 月，复旦大学以及上海交通大学先后加入 Coursera 阵营；2013 年，中国的顶尖高职与 MOOC 平台的多次互动，标志着中国高等学府已经注意到 MOOC 潮流，并顺应这一潮流逐步加入 MOOC 的阵营。2013 年对于中国 MOOC 具有里程碑意义，因此又称为中国的"MOOC 元年"。

2015 年 3 月，在十二届全国人大三次会议上首次提出"互联网+"行动计划，将互联网作为信息化发展的核心特征提取出来，并与工业、商业、金融业等服务业全面融合。通俗来讲，"互联网＋"就是"互联网＋各个传统行业"，但这并不是简单的两者相加，而是利用信息通信技术以及互联网平台，让互联网与传统行业进行深度融合，创造新的发展生态。在新的背景下，MOOC就成了"互联网＋教育"的全新形式，它沿袭了开放和共享的理念，通过信息技术与互联网技术的深度结合，打破时间与空间的限制隔阂，实现全球优质教育资源的共享，为学习者提供了与课堂教学相似的完整式学习体验。然而如何做到互联网与教育的深度融合？MOOC将如何适应中国应试教育的土壤从而取得更好的教学成果？如何做到MOOC与传统课堂充分结合并发挥其最大的效用？教育已经迎来MOOC时代，其发展势头非常强劲，表象上看这是某种单一科学技术的大发展，实则是又一次的新型教育变革和创新。MOOC一时间成为各大高职重点关注、讨论的焦点，在全国范围内引起巨大波澜，同时被国内教育研究者称为"高等教育大变革"。各高职学校争先恐后地构建MOOC平台，以提升自身的知名度、提高教学质量、聚合注册人数、降低教育成本、增进跨校合作。然而，几年的实践下来，MOOC的一些弊病暴露无遗，主要表现在制作成本高、商业运营复杂、教学方式单一、沉浸式学习体验不佳、高辍学率和学习行为管理难度大，同时其管理模式比较单一，教师一般不能够根据实际教学情况进行自主选择及组织学习课堂教学活动，常常造成高注册率却低完成率的情况，MOOC的高姿态与低效能形成了鲜明对照。

二、教学设计的相关理论基础

（一）"教"与"学"融合学习理论

教育的两个重要方面就是"教"和"学"，教育改革在很大程度上就是对这两个方面的积极探索。如何在信息化时代下提高教师的教学质量和学生的学习效果，成为21世纪教育者关注的重要课题。与视频公开课、开放课程等传统的在线教育形式相比，MOOC的一个重大进步在于成功实现了大规模、多面向的教学全过程实时交互。混合式教学模式充分利用了MOOC这一先天优势，将教师的"教"和学生的"学"更加紧密地结合在一起。混合式教学模式使教师中心逐步向学习者中心转变，知识传递方式由显性传递转化为隐性传递。北京大学李晓明在《慕课》一书中用了两个章节分别解释了"教师为什么教MOOC""学生为什么学MOOC"。教师可以通过MOOC激发利用在线教育资源改进教学的热情和动力，学生可以通过 MOOC 有所收获。北京师范大学余胜泉等在《网络环境下的混合式教学——一种新的教学模式》一文中将网络环境下混合式教与学分为建构性学习环境设计、课堂教学、在线教学和发展性教学评价等四个主要环节。各环节之间既相互关联又相互独立，充分利用网络技术的教育教学资源，在教师充分发挥主导作用的同时，学生也能通过混合式学习自主构建知识体系。张其亮、王爱春等人在《基于"翻转课堂"的新型混合式教学模式研究》中提出教师应该具有专业知识和信息技术素养，在向学生传递知识的过程中要重视与学生的交流互动，对学生在学习过程中遇到的难题要及时发现并帮助其解决。

近年来，在世界高等教育学术界，悄然掀起了一股 MOOC 风潮，随着这股风潮迅猛发展，高职理论课程也掀起波澜，清华大学、复旦大学、北京大学等国内知名学府都开始积极探索高职理论课程和混合式教学模式结合的实现路径。

（二）建构主义学习理论

建构主义是认知心理学派的一个分支，建构主义学习观认为：学习不应该是教师把知识单向灌输给学生，而是需要学生内化教师讲授的内容，在自己的头脑中形成知识体系。学生对信息的接受方式不是被动消极的，而是通过大脑的链接主动获取知识。学习者依据自身的学习背景和知识储备，自主对获取的信息进行选择和加工，这一构建过程必须是由知识构建者本人来实现和完成的。同化是认知结构的量变，顺应则是认知结构的质变。皮亚杰认为个体认知结构就是在"平衡—不平衡—新的平衡"的循环中得到丰富、提高和发展的。由此可见，新旧知识之间的矛盾冲突，使学习者原有的知识体系不断受到挑战和冲击，不得不调整自身的认知结构以适应新的环境，这便激发了学习者认知结构的改变与重组。理论课需要培养学生独立思考的能力，混合式教学模式的改革加强了学习者和学习环境之间的互动，更加重视知识建构在教学过程中的作用，这种改革模式有助于学生逻辑思维的训练和提升。

建构主义非常强调学习环境在学习中的作用，认为"情景""合作""会话"和"意义建构"是学习环境的四大要素。理论课混合式教学模式的改革融入了这四大元素，从而帮助学生完成对知识的意义构建。教学应该营造一个有助于知识构建的环境，使教学的各个方面统一于大环境之中。建构主义学习理论要求教师在混合式教学模式中成为学生构建意义的帮助者，通过创建与课程内容相关的教学情境，激发学生探索知识的热情，并将其转化为自主学习的动力。基于 MOOC 的混合式教学模式重视学生与老师以交谈的方式完成规定的学习任务，在此过程中学习者相互分享思维成果，进一步了解所学内容的本质和规律，从而实现自身知识的更新与重组。意义构建是教学过程的最终目标，也是混合式教学模式的发展目标。

（三）联通主义理论

联通主义的思想（由西蒙斯提出）指出，学习过程非个体活动，学习过程是对未知知识的认知、熟悉与再加工过程。联通主义理论认为，通过知识的不断加工，能够使学习者以建构主义为基础，在各自的领域保持领先地位。情景、网络和其他实体的相互影响容易产生新的概念和学习方法。个体学习知识的能力比掌握知识要重要，真正的挑战是在应用知识的同时，掌握未知的知识。联通主义从学习理论发展的角度而言是基于行为主义的，学习过程不断地发生在感官的刺激和反应的微妙联结之中。联通主义更加关注神经网络，把学习过程类比于神经元联结的信息化加工过程。

（四）系统化教学设计理论

教学设计模型由特·迪克教授与卢·凯瑞提出，他们认为教学是一个整体活动，一般包括教师、管理者、教材、学生及环境等要素，高效的教学活动，离不开所有要素之间的积极配合，这也凸显了沟通与合作是学习提高的有力保障。教师及管理者通过科学适度地把握各要素的配置，采用适当的教学手段，促进各要素间积极合作与沟通。混合式教学将教学过程作为一个整体，依附该教学设计理论，实现教学内容的科学性与有效性，利用信息技术手段，遵循系统化教学设计理论，设计课程内容，为本研究的科学有效进行提供强有力保障，达到提高教学质量、创新教学手段的目的。

（五）知识管理理论

知识管理理论的单位是个人或者组织，通过有计划、有目的地获取知识，以及采集、存储、转移和分享知识加以实现。知识管理理论是在集体智慧的基础上进行个体指导，以提高个体的综合能力的理论。其核心是通过有效的手段，便于个体或者集体迅速获取知识。知识管理理论需要保证某一单位（个人或者集体）能够更加高效便捷地提取需要的知识，应用在 MOOC 教学中，能够帮助学习者合理有效地管理学习知识内容，同时，获取课堂教学中的隐性知识。

第三节　MOOC翻转课堂教学模式的构建

一、翻转课堂

（一）翻转课堂概念界定

翻转课堂就是将知识传授与知识内化学习过程进行逆序的创新：一般要求学生本次课程之前提前观看相关的视频及资料，然后在学校课堂上与老师、同学进行互动、问题知识探讨，进而完成本次课程作业，同时老师进行知识的梳理和答疑，达到对课程内容深入理解的一种教学模式。

在课堂上，教师与学生组织进一步的讨论、提问、辩论、答疑等活动，这些是翻转课堂的形式。翻转课堂最初是从基础教育阶段提出的，2007 年，美国高中的两位老师发现班里一部分学生要完成体育比赛而不能来上课，为了解决此问题，他们就把课程录成了视频放到校园网上，同学参加完比赛以后回来可以继续学习，长时间实践后发现教学效果明显提升。传统的教学方式忽略了每个学生的能力不同，教师需要花费大量的时间和精力对学生进行逐个指导，翻转课堂解决了此问题，学生在家里也可以通过个性化的学习平台观看教学视频，教师和学生的沟通变得简单高效。翻转课堂将课堂内外的时间重新调整：传统课堂形式为学生在教室听讲座，回家完成作业、练习，翻转课堂的具体做法是学生课前在家里在线上课、听讲座，而课堂是讨论、答疑、做作业的过程。

（二）翻转课堂的优势

1.提高学生学习积极性

翻转课堂的构建是在信息化背景下产生的，通过网络信息传递，可以满足学生在不同时间、不同地点的使用需求，不拘于特定时间和地点的限制，学习内容具有可重复性、可操作性、资源丰富的特点。在信息技术高速发展的今天，翻转课堂更符合学生获取信息的需求，通过生动、形象、具体的动作演示，最大程度地吸引学生上课的注意力，培养学生的学习兴趣，从而提高学生的学习成绩。

2.消除师生对创新教学的保守心理

部分教师更加习惯于常规教学模式，而面对操作技能要求较高的混合式教学，教师需要拥有较高的操作技能及一定的信息技术处理能力，这就容易造成部分老教师对新的教学手段的抵触，同时，个别学生因为惯有学习思维的限制，也存在对翻转式教学手段的抵触与排斥。利用MOOC资源的多媒体技术进行教学可以培养学生自主学习能力与思维创新能力，通过观察—思考—交流—行动这一反应过程锻炼了学生的学习能力、反应能力、沟通交流能力和实际操作能力，有助于促进学生全面发展，为日后的学习和工作打下良好基础。

二、MOOC 翻转课堂教学模式的可行性和优势

（一）MOOC 翻转课堂的可行性

1.MOOC 教学应用趋势

国内翻转课堂出现在20世纪90年代，例如，"自学—展示模式""先学后教，当堂训练"等，但当时还未出现翻转课堂的具体描述及定义。2012年，《中小学信息技术教育》杂志中的一篇文章提出，通过理论研究，构建初中数学翻转课堂教学实施流程，最后提出应用翻转课堂教学的反思及展望，以期为教学改革提供借鉴。

2015年，华中师范大学通过"基于高效课堂教学背景下全移动信息技术的研究与运用"这一课题的研究，以高中地理为研究课程，选取80名在校生作为研究对象，从多个层面深入研究翻转课堂的应用，并提出改进建议。此研究将重点放在翻转课堂上，对于知识的教授方式以及学生间的合作讨论并未深入探讨研究。

同年，辽宁师范大学的研究学者从翻转课堂的起源、目标、设计等多个角度，分析该课堂教学模式应用于我国初中学校教学的可执行性。作者通过开发数学课程、设置教学任务等多个方面，积极探寻一条符合我国教育特色的SPOC（小规模限制性在线课程）教学模式。在高中与初中教学实践过程中，发现翻转课堂能够有效地激发学生学习兴趣、提升学生学习成绩，同时，能够提升学生自制力，培养学生之间的团结互助精神。

2.MOOC 教学应用可行性

MOOC 平台的建设有助于混合式教学模式的发展。混合式教学模式加强了教师与学生之间的互动，利用课堂与课堂之外的时间形成思想共振，使学生形成正确的价值体系。近些年，随着网络技术的不断发展，我国 MOOC 平台也如雨后春笋般涌现出来，MOOC 中国、慕课网、爱课程、学堂在线、超星等 MOOC 平台为高职教育提供了丰富的教学资源，进一步推动了混合式教学模式的发展。

网络的快速发展为混合式教学模式提供了可能。在网络技术日新月异的今天，许多高职的校园网建设趋于完成，学生拥有电脑、手机等电子设备，介入网络交往的比例也都达到了相当高的程度，为混合式教学提供了便利的条件和有力支持。同时，当代大学生接触网络的时间较长，对各种软件、网络资源的应用也驾轻就熟，混合式教学模式从形式上顺应了时代潮流和学生的个性需求。学习者可以通过 MOOC 平台自主完成基础知识的学习，这部分知识的学习只需要在移动终端上就能轻松实现，且操作较为简单，学生不需要花费过多的时间。互联网的易用性，不仅为学生提供了学习的便利，也使得教师能够很容易地从庞大的网络数据库中获取教学所需的资源。因此，不断充实自己的教学内容对于教师而言是十分必要的。

高等院校课程联盟加快了混合式教学模式的推进速度。课程联盟将高职中的优质课程资源进行共享，这种共享是基于网络视频的有效传播。高职课程联盟能够将这些教学资源进行汇总和重组，通过形成市场化的共享机制，进一步提高在线课程的教学质量，从而为高职混合式教学改革提供有力的支持。2012年 12 月至 2013 年 9 月，上海高职课程中心、东西部高职课程共享联盟、华东师范大学 MOOC 中心相继成立，包括复旦大学、四川大学在内的多所高等院校加入联盟，共同推进在线教育的发展。课程联盟提供了高职资源共享的平台，促进了联盟内部高职的互动交流，也是对混合式教学模式大范围推广进行的一次有益尝试。

（二）MOOC 翻转课堂的优势

1.教学资源的精品化和精细化

首先，在传统的教学模式下，由于受时间和地域的限制，每个社会成员不能平等自由地享有名师授课的机会。而 MOOC 所提倡的教育理念就是使世界上每个社会成员都可以平等地获得最精粹的教育资源，这为传统教学模式带来了巨大的挑战。在MOOC中，大量的教师以团队的方式参与资源内容的制作，由最优秀、最擅长的教师进行资源内容规划和脚本的设计，然后经过集体讨论和共同创作之后，拿出最优秀的教学资源。其次，传统的教学模式下，教师的主观意识对课堂教学具有很大的影响，教学效果的好坏直接取决于教师课堂教学的状态。但在MOOC模式下，所有的教学资源都是最精细化的，讲什么、不讲什么、先讲什么、后讲什么，都是经过精心编排和反复推敲的，避免了传统教学中受教师主观意识的影响，教学效果也一定能达到最好。精品化和精细化的教学资源可以使全校、全国乃至全世界的学生同步受益，很好地解决教育资源由于时间、地域限制而分配不均衡的问题。

2. 教学过程的人性化和个性化

在传统的教学模式下，教师只能以单一的教案与教学计划面对几十个不同的学生个体进行授课。课堂教学以教师为中心，学生的学习步调与节奏必须追随着教师，教师讲出一句话、一个知识点、一种方法，学生即便没听到或没听懂，都难以让教师停下来，难以让教师再讲一遍。而学习是一种不断累积与自我建构的过程，前一阶段的学习成果的好坏对后一阶段的理解与建构有很大的决定作用。在MOOC模式下，教学从以教师为中心转向以学生为中心，所有课程设计以人性化和个性化为构建思想，学生在学习过程中可以灵活地控制课程教学进度，如在一个地方让"教师"停下来，也可以让"教师"再讲一遍或再讲很多遍，一切等他理解了、明白了，再继续进行。

MOOC模式带领教育走向了大数据。完全灵活自由的教学模式对学生的主动性、积极性和持续性提出了很高的要求，而这也是影响课程完成率的关键因素。但在大数据技术的支持下，MOOC平台将学生的学习进度、作业完成情况、花费的学习时间等学习行为数据保存下来。对于学生自身而言，可以了解自己与同伴的学习情况，使学生在学习时保持高度清醒，激发其学习的主动性、积极性和持续性。而对于教师，可以对课程知识点和学生了如指掌，以便对课程进行不断的更新，而且方便对学生进行一对一的指导与帮助，实现个性化教育。

3. 教学活动的交互性和学生的高度可参与性

MOOC模式下，课程教学的交互性主要体现在两方面：其一，通过设计和开发的交互式或者游戏化的MOOC视频，把传统的教学过程变成了一种高密度的、"一对一"的"聊天"和互动过程。可以把学习看成一种游戏过关的模式，在观看视频学习的过程中，每学完一个知识点或技能点，学生须完成课程设计者提出的问题，由计算机自动批阅，若答对则自动进入下一阶段学习，否则重新学习。这样的技术运用可督促学生在MOOC模式下保持精神高度集中，又使得学习过程更加有趣，学生可以以高度的积极性全程参与到教学过程中，从而提高学习效率。其二，MOOC平台借助社交平台，如微博、微信、QQ、论坛等，提供在线答疑、专家咨询，以及为学习者提供各种用户交互性学习社区，形成"教师—学习者""学习者—学习者""教师—学习者—平台"之间无处不在的交互机制，弥补传统教学中面对面交流的缺失，帮助学习者形成完整的学习体验，构建基于知识的社会网络。

因此，MOOC模式的交互性实现了传统教学模式中固有的特点，促使教学过程更加生动活泼，使学习者高度参与到MOOC课程学习中，使师生在教学过程中创造知识，实现学习的高效率。

三、MOOC翻转课堂教学模式构建

（一）构建模式

在翻转课堂的学习逻辑思维基础上，结合MOOC学习者的基本特征，构建MOOC翻转课堂模式通常包括前期准备、学习活动设计、学习评价设计三个环节。在三个环节中，还要具体根据授课内容和教育目标来扩充详细的实施流程和步骤。

（二）教学目标设计

首先，分析教学内容。教师在制定教学目标时首先要厘清教材的知识体系，钻研课程标准，清楚各个知识点之间的内在联系，做到"读懂—吃透—内化"。

其次，分解目标层次。在充分理解教学内容的基础上，教师需要根据学习者已有的学习经验对教学目标进行分层。最小的教学目标单位是"知识点"，教学目标的层级关系从小到大分别为知识点、小结目标、单元目标、课程目标。

最后，表述教学目标。用简明扼要的语言对教学目标进行概括，表述要有操作性和指向性。表述的主体是学习者而不是教师。

（三）实施条件

1. 教学对象分析

教学对象分析即学习者分析，学习者在混合式学习活动中扮演着重要的角色，既是教学活动的主体，也是学习活动的主体，对学习者进行分析可以准确地确定教学目标，制定教学策略，设计教学活动。在迪克－凯瑞ISD模式中，分析学习者和环境这一环节，迪克和凯瑞认为学习者即为目标人群。学习者分析一般包括学习者的初始能力分析、学习者的学习风格分析、学习者的一般特征分析。

2. 教学内容分析

教学内容是整个混合式学习过程的核心部分，包括MOOC平台学习资源和传统的书本教材资源。与传统教学不同的是，基于MOOC的混合式学习允许学习者根据自己的时间计划来安排学习内容，使学习更加高效。

（四）操作步骤

学习活动的展开并不是一蹴而就的，每个环节都应按照客观的发展规律循序渐进地进行。基于MOOC的混合式学习活动设计在学习活动流程的定向指导下，主要分为四个阶段。

1. 课程资源整合阶段

在这个环节中，教师是资源整合的主体，在学习活动开始之前，教师需要宏观地整合出本门课程的整体框架，挑选出哪些内容适合线上学习，哪些内容适合线下学习。同时，教师需要做好课程的宣传工作，帮助学习者对课程的主要内容建立一个初步的认识，并且使学习者对新的课程产生学习欲望，激发学习者的学习兴趣，使其对即将开始的正式课程在心理和生理上做好充足的准备。在混合式的学习活动中，教师不再是课程的主角，所采用的视频课程资源和参考材料可以是MOOC平台上各高职所发布的内容，讲师主要是高职的名家讲师。教师的职能从课程的讲授者变成课程的整合者，需要根据教学大纲的要求，按照逻辑顺序整合线上、线下的学习资源。

2. 在线学习阶段

在线学习阶段，学习活动的类型主要是自主学习与协作学习。学习者通过观看教师根据教学目标整合的课程视频，参考相关的学习资料来完成新知识的建构，视频中的主讲教师会根据每节课的教学内容给学习者布置相应的作业或者讨论话题，学习者可以在 MOOC 平台的讨论专区交流互动，视频中的讲课教师和课程助教也可以参与其中，其目的是解答学习者的学习误区，给学习者以正确的引导，使学习者发散思维，更好地进行知识的建构。

3. 协作探究阶段

协作探究阶段包括小组讨论和班级讨论。教师通过整理线上课程学习者没有解决的问题，在班级内进行总结，让班内学习者以小组为单位进行讨论，查阅相关资料，学习者各抒己见，小组内分工合作，之后在班级内由各组小组长进行汇报和作品展示，各小组之间进行交流讨论。

4. 个性化指导阶段

个性化指导阶段是以教师为主导的学习活动。教师通过观察各个小组的讨论情况和结果，对存在的问题进行全面的梳理，然后对学习者的个别问题进行个别指导，保证每个学习者将学习内容"吃透"。

（五）考核评价标准的制定

基于 MOOC 的混合式学习活动评价体系是一个以学习者为中心的多元化的评价体系，它包括评价主体、评价方式、评价方法的多元化。

四、MOOC 翻转课堂教学模式优化措施

（一）加大 MOOC 平台在教学中的普及度

采用基于 MOOC 资源的混合式教学模式，极大地调动了学生学习的积极性，主观能动性得到发挥，学习效率显著提高，师生间的沟通及交流更加频繁，学生适应环境及处理问题的能力也有所提升，建议在专业选修课教学中进行试点推广。

（二）学生及教师应适当转变常规教学与学习理念

学生存在个体的差异性，新的教学手段的使用，打破了原有教学模式，学生需要转变适应的过程，建议教师及学生转变教学与学习的思维方式，积极尝试创新型教学与学习方式，不断地提升自我学习能力及学习水平。

（三）不断加强教师综合技能水平的提升

信息化时代，传统教学手段面临着新时代的挑战与考验，当代教育工作者

运用信息化手段，以 MOOC 学习平台为支撑辅助教学，将有助于教学效果的提升及教学内容的拓展。同时，利用 MOOC 平台，能够有效掌握并监督学生学习状态及效果，极大地提高教学效率，这就需要教师提高自我综合技能水平，不断转变思维方式，紧跟时代发展特点，以达到创新教学手段的目的。

（四）进一步完善 MOOC 教学资源

制作MOOC资源需要教师以及专业技术工作者的紧密合作。在制作过程中，经过多次修改与完善才能打造出教学所需的优质MOOC资源。而在实际操作中，教师工作任务繁重时，建议教师利用学院电视中心或网络中心资源，更加高效地完成对教学 MOOC 资源的制作，同时，在实际教学过程中，教学平台的使用仍然存在诸多问题。例如，学习资源缺乏、资源共享程度较低、MOOC 平台内的图片视频等文件无法从 MOOC 平台下载等。这些问题在一定程度上降低了体验效果，限制了部分学生的学习途径，建议加大研发力度，提升 MOOC 平台人性化体验效果。

第六章 高职计算机专业SPOC 教学模式

MOOC 教学模式的发展虽然在一定程度上解决了传统教学的弊端问题，但由于课程规模体量过大，教学评价褒贬不一。基于这个发展背景，SPOC（小规模限制性在线课程）模式应运而生，结合 MOOC 和传统课堂的相互特点，国内外教学在 SPOC 模式上广泛地开展研究。

第一节 SPOC教学模式的分析

一、SPOC 教学模式的特点和优势分析

（一）SPOC 的产生和发展

1.SPOC 的产生

伴随着 MOOC 课程上线和学生注册人数的急剧增长，近几年的研究发现，这种教育模式存在着很多亟待解决的问题。比如不设先修条件，导致学习者的知识基础参差不齐；平台的开发、运行和维护需要投入较大的人力和物力资源，而这种完全免费的教学模式对于高职而言具有很大的负担。

2.SPOC 的发展

SPOC 这一概念是由加州大学伯克分校的阿曼德·福克斯教授最早提出和使用的。2013 年，阿曼德创建了一门 SPOC 网络课程——软件工程，课程的内容只针对本校的学生开放，他认为，SPOC 是 MOOC 用于课堂教学的补充，可有效加强教师的指导作用，提高学生的通过率、掌握程度以及参与度，但并不能完全替代课堂教学。所以，当 MOOC 发展到能够提高教师的利用率、增加学生产出量、提高学生学习能力和学习参与度时，此种模式便可以称作

SPOC。相对于 MOOC 的大规模、开放的特点，SPOC 的学生规模一般在几十人到几百人，是一种更为精致小型并且对学生设置条件限制的在线课程。它使用了 MOOC 的技术平台和教学手段，是 MOOC 在高职的发展和创新。SPOC 的小众化和限制性准入的特点对于高职提高学生学习的参与度和积极性，赋予学生个性化学习有很大的促进作用。同时，对于提高教师的教学能力和教学质量有很大帮助。这正是 SPOC 在高职更受青睐的原因之一。

SPOC 被视为 MOOC 的一种竞争模式，又或者是其一分支。部分学者认为 SPOC 已经取代了 MOOC，当前教育正迈入"后 MOOC 时代"。SPOC 是实体课堂加上 MOOC 教学，是一种线上、线下相结合的混合式教学。相比于 MOOC，SPOC 更有可能带来一些实际收益。

（二）SPOC 教学模式的特点

目前，SPOC 主要以两种形式出现：第一种作为课堂教学的补充、辅助。教师通过课堂教学和在线教学的结合，辅助传统的教学课堂，作用类似于投影仪和 PPT。教师一开始可以把 SPOC 当作课程网站来使用，用来发布视频、课件和收作业。同时，SPOC 还提供了师生问题讨论区、在线测试等环节，可以有效地加强教师的指导。第二种是利用 SPOC 实施翻转课堂教学。这种形式的教学对教师和学生都提出了更高的要求，教师需要仔细地设计课程和问题，把设计好的视频材料当作家庭作业布置给学生，学生在线上自主观看教师布置的视频，完成相应的练习。然后在实体课堂教学中主要由学生提问，教师解答。通过这种教学方式，教师可以总体上了解学生掌握了哪些知识、哪些知识存在欠缺，以控制调节教学进度。

总之，人们开始尝试各种既能发挥面授课堂教学的独特价值又能让 MOOC 获得持久生命力的方法，SPOC 教学模式随之诞生。SPOC 面向的人群较少，在具体的教学中，对于学生的不同疑惑，解决起来更具有针对性。故而，SPOC 教学模式既能够克服 MOOC 教学模式存在的不足，又能极大地发挥 MOOC 潜在的能力，进而更为科学、合理地将 MOOC 丰富的教育资源应用于各大高职的小规模群体等。

SPOC 作为从 MOOC 衍生出来的一种在线课程形式，秉承了 MOOC 的一些特点，但在开放性、学生规模以及完成率等方面存在很大的差异。

相对于 MOOC 教学模式而言，SPOC 是后起之秀，是在 MOOC 基础上的发展和创新，弥补了 MOOC 许多的不足，它的"小规模"和"限制性条件准入"等特点，使在线学习和传统教学更加完美地结合，创造了一种良好的混合学习环境，提高了高职的教学质量。此外，在一些非顶级的高职中，相对于 MOOC 的高额费用问题，SPOC 的低成本提供了 MOOC 的一种可持续发展模式。所以说，SPOC 是高职应用 MOOC 平台实现其使命的创新模式，同时，也体现了在线教育在高职教育应用中的真正价值。

（三）SPOC 教学模式的优势分析

1. 教与学的方式灵活

SPOC 不是简单、机械地重组教学，而是根据学科内容、学习者特点和教学环境等动态调整教学节奏，教学方式的选择会考虑知识类型、学习者特征、教学进度等多种因素，保证教与学相匹配的基础。和传统课堂特定的学习时间及学习地点相比，学习者在 SPOC 平台上可以自主选择学习的时间、地点以及学习进度，以利用碎片化的学习时间随时随地地学习，实现学习方式选择个性化、学习路径选择个性化、知识网建立个性化、知识的意义构建个性化等。

2. 丰富的教学资源支持翻转课堂教学

与 MOOC 单一的网上教学相比，SPOC 能够借助 MOOC 优质、开放共享的教学资源，实现实体课堂与网上课堂的融合，有利于创新传统课堂的教学流程，实施翻转课堂教学。课前教师线上向学习者推送自学资源，为了突出自身资源的优势和对学习者的针对性，这些资源以专任教师上传到 SPOC 平台的优质教学内容为主，也包括一些网上可利用的 MOOC 资源。学习者通过这些丰富的教学资源预先了解学习内容，并在实体课堂中向同伴和教师发问，教师通过与学习者面对面的对话交流进行答疑解惑。

3. 小规模线上、线下的教学保证课程质量

SPOC 的出现可以实现教师对学习过程的全程关照，小规模的学习人数能保证教师完全介入学习者的学习过程，包括日常的对话交流、作业指导以及面对面的"补课"等。线上互动采用在线交流、线上讨论、线上作业、视频内嵌式测试和线上考试等多种方法的组合，线下包括作业辅导、课堂答疑、考试、外出参观和面授辅导等，通过线上、线下的无缝教学保证了在线课程的教学质量。

4. 多元化混合式教学评价体系

SPOC 的评价体系是在融合了网络教学和课堂教学优势的基础上形成的，以激励学习者的自主学习主动性和积极性为出发点，形成了多层次、多角度、全面客观的多元化混合式教学评价体系。具体来讲，该评价体系应当包括网络教学评价和课堂教学评价两个方面。网络教学评价一般指在线教学评价，评价指标包括学习者活跃度、视频观看次数、视频观看时长、发回帖次数、在线学习测验和小组贡献度等。课堂教学评价主要包括课堂表现、小组协作、课程考核测验、作业完成的情况等。

二、SPOC 教学的可行性分析

（一）学校对采用 SPOC 教学模式的政策支持

2013 年，美国多所名校部分课程开始使用 SPOC 教学模式。加州大学伯克利分校的阿曼德·福克斯教授在自己所讲课程中使用 SPOC，鼓励每位同学积极参与该课程学习，他利用软件工程进行 SPOC 学习，并将学习成果推广至美国多所高校；哈佛大学也有多门课程进行 SPOC 教学试验。随后，SPOC 教学模式如雨后春笋般出现在北京大学、清华大学、杜克大学等多所国内外名校，并在多种课程进行实践实验。由于 SPOC 充分借用 MOOC 丰富的数字教学资源，并且可以进行营利，开发成本也比较低，故而成为一种可持续的、被广泛认可的教学模式，并大有取代 MOOC 的趋势。

有学者撰文指出，随着教育信息化改革不断深入，MOOC、SPOC、微课、翻转课堂相继而至，以这些概念为主题的教学研究与教改实践成为热点，各级各类竞赛铺天盖地，掀起了一波又一波信息化教育改革的热潮。

（二）教师采用 SPOC 教学模式的内外驱动力

SPOC 是对教学模式的创新，能够将课程资源与教学设计深度融合，弥补了传统的在线学习和课堂教学的局限。SPOC 对教学内容主题的划分和对教学流程的创新，使教师改变了传统的教学理念，尝试利用新的方法和手段进行教学设计与实践，并且反思教学中存在的问题，建立起教师个性化的教学理论；SPOC 教学模式与具体的课程教学实践相结合，为教师创造更好的教学体验，帮助教师自我发展。对于教师来讲，SPOC 教学本身就是一种挑战，教学内容和资源的设计与开发、线上参与讨论、课堂问题答疑等，这些都对教师的教学水平和能力提出了新要求，能够帮助教师自我发展和改进教学。

（三）学生对采用 SPOC 教学模式的实际需求

从 MOOC 到 SPOC，为学生从浅层学习向深度学习转变提供了资源、环境和理念的支持。针对 MOOC 发展中暴露出的缺点，基于结构和内容的优化或者重新组织，实现真正意义上的传统教育和在线教育的混合。SPOC 的出现能够解决现存教学中存在的一些问题，如教学内容多、课堂教学时间有限等。学生课前通过在网上学习相关教学资源，系统了解和掌握课程教学内容，课中可以从事更加有价值的活动，师生共同参与讨论、答疑解惑等，学习时间灵活且交互性强，能够保证课程教学质量。还能提升学生对于课程内容的感兴趣程度，提高学生自主学习和协作学习能力。对于学生来讲，学生通过网上平台进行基于资源的自主学习，课堂参与问题探究和协作学习活动，课后任务分工完成作品的制作，这些对于提高学生各方面的综合实践能力大有裨益。学生通过参与教学亲身体会 SPOC 模式的优点，课前网络教学平台提供的结构化的主题资源，课中进行小组协作学习，与以往单一的讲授型教学模式相比较，SPOC 教学对学习者认知水平和创新能力的提升等都有所帮助。

第二节　SPOC教学模式的设计

一、SPOC 教学模式构建的依据

（一）相关模式的对比分析

1.SPOC 与 MOOC 模式对比分析

SPOC 源于 MOOC，其发展又有所突破，是一种融合、创新型教学产物。SPOC 与 MOOC 既相对又相关，罗尔夫·霍夫曼曾经形象地将两者的关系描述为：SPOC=MOOC+Classroom，意在说明 SPOC 是 MOOC 与传统课堂的结合。MOOC 与 SPOC 各自的教学特点参照表 6-1 所示。

表6-1 SPOC与MOOC的对比分析

对比指标	MOOC	SPOC
面向对象	广大群众	条件性选择
学生规模	规模庞大	人数受限
学习模式	自主学习	自主学习+教师辅导
学习交流	主要是线上交流，互动较少	线上+线下，师生之间互动较多
学习过程	短（平均4~8周）	长（学期制）
学习评价	线上完成作业及测验等	线上评价+线下评价
学习资源	线上视频等资源丰富	选择性地实时补充教学资源
完成率	比较低（约10%）	非常高（接近100%）
实施成本	高	低
适用性	适用于求知欲望强的学生；有利于提升品牌效益	注重校内课堂教学质量；注重提升教学设计与学生学习效果

2.SPOC 与传统课堂模式对比分析

在实现个性化教学和提升教学效果等方面，结合 SPOC 与传统课堂模式的对比分析，SPOC 具有较为明显的优势。如表 6-2 所示。

表6-2 SPOC与传统课堂的对比分析

对比指标	传统课堂	SPOC
学生规模	几十人	规模小，几十人至几百人
授课条件	校园教室	教室+网络教学平台
教学方式	线下面对面	翻转教学
学习方法	课上学习	混合式学习
学习评价	课上表现+考试	混合式多元化评价
学习资源	课本知识	个性化资源+MOOC资源
教学反馈	同步	同步+延时
学习成本	通常指学费	低

（二）SPOC 应用于混合学习的基本要素

1.完善的教学条件

混合式教学需要良好的教学条件。

首先，具备完善的校园网络教学平台，即支撑学习者进行自主在线学习的一切媒体设施是混合式教学得以开展的重要条件。平台作为网络学习资源的载体，提高了信息资源的丰富性、灵活性和开放性。借助其对信息的呈现、现象的演示，进一步拓宽学生的视野，增强学生对课本内容的理解。平台中强大的功能包括对学生的在线作业、测试、讨论等资源进行有效的管理和统计，掌握学生的学习进度，根据相关数据，提供教学反馈与建议。

其次，具备一定的教师团队，对学生及其学习过程中的教学内容和资源进行总体的指导和把握。不仅能够开展传统课堂的教学，还包括负责对线上资源的制作、发布和管理。

2. 正确的教学理念

混合式教学并不是简单地把传统的课堂教学搬到线上学习当中，有学者表示：混合式教学并不是简单的在线学习，也不是简单的课堂授课，而是要把这两种教学有机地结合起来。一方面实现了信息网络化时代下，优秀资源的共享；另一方面能够得到小班化的研讨型讨论、人文科学精神的体验。总而言之，混合式教学要求教师拥有先进的教育理念，以正确的教育理念为指导，才能保证教学的顺利开展。

（三）SPOC 应用于混合学习的优势

1. 知识获取深度融合的优势

在翻转课堂教学模式中，学生作为学习科学知识的主体建构者，就必须主动进行课堂知识消化吸收，掌握学习方法、自主学习。MOOC 更加关注知识规模性传播，而 SPOC 则更为关注整体知识体系的构建。SPOC 充分利用现有的科学技术，弥补传统教学学习时间固定、学习场所固定的缺陷，将各种学习资料利用网络等手段及时发送学生进行学习研究，积极促进学生之间、师生之间进行学习沟通与交流，创造了开放式的教学环境。

2. 教学设计深度融合的优势

MOOC 教学模式能够充分利用网络资源，为每一位学习者提供充足的、丰富的教育资源，最大限度满足人们的知识需求；SPOC 教学模式下，设计者根据人们的认知规律及知识体系组成，设置丰富的知识学习单元，同时保证各项课程设置之间相互衔接，有利于知识体系化。

二、基于 SPOC 的混合学习模式设计

（一）SPOC 教学模式的基本流程

SPOC 课程学习的流程通常是，学习者首先经过某种条件性的选拔，合格者才能参加本次课程的学习，而且课程学习过程中需要学生进行充分的交流与互动，以保证该课程的较高学习通过率，否则，不能进行该课程学习。教师在进行学校教学活动的同时，参与 SPOC 课程学习，以不断丰富自身知识储备，提升教学水平，促进个人长远发展。

（二）SPOC 教学模式案例应用

1. 国外实践应用

国外较早尝试 SPOC 教学试验的是哈佛大学。2013 年，哈佛大学在其法学院、肯尼迪政治学院和设计学院分别开设了三门 SPOC 课程，即"版权法""美国国家安全、战略和媒体面临的主要挑战"和"建筑学遐想"。这三门课程都对学生入学提出了相应的条件，要求提交入学申请小论文、对当前热点话题的书面看法、相关结业证明等。此外，课程也对学生的学习时间、学习强度以及参与在线讨论提出了要求，按照要求完成课程的学生将被授予 HarvardX 证书。

加州大学伯克利分校是 SPOC 教学实践的另一只领头羊，软件工程是该校的教授在 edX 平台上开设的一门计算机 SPOC 课程，专门面向加州大学校内学生免费开放，并设置一定的入学条件。该课程最突出的特点是将在线视频与云平台自动评分应用于翻转课堂教学，最终结果表明，基于 SPOC 的混合学习模式使该课程的注册学生人数提高了近 4 倍，同时吸引了更多的课程讲师参与，课程评分也提高了很多。随后，该校又将这门品牌 SPOC 课程推广到了国内其他四所大学进行教学试验，并取得了非常好的效果。

继哈佛大学和加州大学伯克利分校的 SPOC 教学实践之后，麻省理工学院、加州圣何塞州立大学等美国国内顶尖高职也开启了 SPOC 课程的教学实践。例如，MIT 生物学系布莱恩·怀特教授将他此前在 edX 平台发布的 MOOC "生命的奥秘"改编成了 SPOC 课程，面向波士顿分校生物系的学生开放。学生课外在网上观看视频讲座并做好笔记，课堂上针对笔记中的问题积极参与课堂讨论，最终实践结果相当乐观，学生考试成绩明显高于传统授课方式。

电路原理是麻省理工学院授权阿南特·阿加瓦尔教授在 edX 上开设的一门 MOOC 课程。2013 年，加州圣何塞州立大学使用该课程进行了 SPOC 教学，在 SPOC 课堂中，学生大部分的时间都花在了与当地教师和助教的实验设计及问题讨论上。学生在两次测评中的成绩远远超过了之前使用传统教学方式的成绩。更令人瞩目的是，获得学分的学生比例从之前的 59% 上升到了 91%。

2. 国内实践应用

（1）校际合作开展 SPOC 教学

清华大学是国内最早开始 MOOC 教学实践的院校，也是 SPOC 课程的试点基地和积极推进者。自 2013 年秋季学期起，清华大学开始引入加州大学伯克利分校的云计算与软件工程 SPOC 课程，通过"学堂在线"平台面向该校计算机科学实验班的 30 名学生开设。通过一个学期的 SPOC 教学实践，这 30 名实验班学生的平均学习成绩基本与加州大学伯克利分校持平，学生学习积极性高，学习效果明显。

清华大学除了在本校开展 SPOC 教学实践以外，还通过其自主研发的清华教育在线平台，面向全国范围内的高职和中学推广 SPOC 课程。国内研究者贾永政利用该平台在南方的一所高职开展中国建筑史（上）SPOC 课程教学试点，该课程是面向该高职 165 名本科生开设的全校范围内的公选课，采用线上教学、线下讨论和期末论文的形式进行课程教学。结果发现学生的学习成绩出现了两极分化的情况，贾永政将这种两极分化的原因归结为学习自觉性不高、缺乏有效监督与平台提醒以及预警功能的缺失。

青海大学于 2014 年 8 月 21 日成功搭建了 SPOC 教学平台，自 2014 年秋季学期起，青海大学电路原理教学组利用学堂在线平台，结合清华大学电路原理 MOOC 资源，以该校水电学院的大二本科生为教学对象，在课程教学中实施了基于 SPOC 的翻转课堂教学模式实践，目的是将传统的填鸭式教学改为学生自发式的主动学习，突出"以学生为中心"的教学理念。

（2）SPOC 在高职课堂教学中的应用

工程图学是天津大学的首门 SPOC 课程。2014 年 12 月 20 日，在教育部高等学校工程图学课程教学指导委员会的领导下，该校机械学院姜杉和徐健两名副教授实践了这一课程。来自全国 32 所高职的在校学生，与天津大学的学生通过网络视频教室"同时异地"进行该课程的学习。

陈然在《SPOC 混合学习模式设计研究》一文中设计了基于 SPOC 的混合学习模式，并尝试应用于该校的 C 语言程序设计课程，从前期准备和学习活动设计两方面进行 SPOC 教学案例的设计与实践。

第三节　SPOC教学模式的构建

一、SPOC 教学模式构建

（一）构建理念

近年来，随着全球教育信息化的快速发展，MOOC 因其学习时间自由、开放程度高等特点受到众多学习者的追捧，但其纯网络的教学模式难以满足学习者的个性化体验。MOOC 的出现为高职教学改革带来了机遇，但同时也面临着诸多难以避免的问题，如缺少个性化的学习指导，导致退学率高；MOOC 课程灵活度高却连贯性低；教学方法与学习模式单一等。创新利用 MOOC 资源进行传统教学模式的变革，结合 MOOC 课程开展混合式教学成为高职课堂教学发展的新思路。SPOC 的出现能够有效解决 MOOC 发展中存在的不足，采用线上和线下相结合的混合教学方式，实现了 MOOC 和传统校园课堂教学的融合发展，能够有效弥补 MOOC 的短板。SPOC 是 MOOC 在发展过程中衍生出来的一种小而精的在线学习新形式，它不仅保留了 MOOC 网络教学的新思想，还结合了面对面课堂教学的优势，能够为学习者提供完整的学习体验，保证课程教学的质量。

混合学习理论强调将传统课堂教学的优势与网络教学的优势相结合提升教学效果。SPOC 本身就是一种混合学习模式，它不同于 MOOC 是一种纯在线的学习模式，而是将线上课程与传统的大学校园课程相结合的混合学习模式。这样的混合结合了线上和线下课程的优势，不仅能够提高学生的积极性和参与性，还能够为学生提供个性化的学习需要。

（二）构建内容

基于 SPOC 的时间、空间和学习形式三维关系结构，SPOC 教学模式是一种混合学习模式，主要包括限制性准入、教学资源设计、教学活动设计和教学评价四个部分。

第一，限制性准入是基于 SPOC 教学的前段分析，对学习者、教学目标、教学内容和教学环境进行分析。

第二，教学资源设计是对文本类、课件类、视频类和拓展类资源进行建设或者引入。

第三，教学活动设计是通过课前、课中和课后的三个活动阶段，完成教师划分小组、学生自主学习、师生交流互动、发布作业任务四个环节，最终达到复习巩固、反馈评价和总结反思。

第四，教学评价设计分为总结性评价和形成性评价。前者通过教师评价和考核成绩完成，后者通过教师评价、学生自评和同伴互评完成。

（三）教学模式设计原则

1. 坚持以学生为知识构建中心的原则

以学生为知识构建中心的教学模式应该建立在建构主义理论基础之上，建构主义理论强调的是学生和学习内容之间的关系，提倡对学生的个性培养，学生积极主动构建对知识和意义的理解。SPOC 教学模式的设计应当始终围绕以学生为知识构建中心这一重要原则，充分调动学生的主动意识，不断提高他们自主构建知识的能力。在教学模式构建的相关要素和教学流程上，要始终坚持以学生为知识构建中心的原则，侧重于学生积极主动地"学"，给予学生更多的自主权，让学生根据自身的实际需要选择合适的学习内容和进度，主动建立起与教师多方位的交流关系，逐步提高自身能力和素质。

2. 坚持以教师为学习指导中心的原则

在传统的课堂教学模式当中，教师通常占据了权威地位。随着网络化、信息化时代的到来，学生逐渐取代教师成为学习的主人，教师被赋予一种学习指导的地位。SPOC 教学模式要求充分发挥教师学习指导中心的作用，使教师主动介入学生学习的全过程，引导学生走向适合自己的学习方向。在 SPOC 教学当中，教师在不同学习阶段扮演着不同的指导角色：在课前是教学资源的设计和开发者，同时也是课程预习的引导者；在课中是教学活动的设计者和组织者，参与课堂问题的答疑解惑；在课后是线上讨论的助学者和线下作业的辅助者。坚持以教师为学习指导中心的原则，首先要求教师在与学生交流互动过程中指导学生主动建构知识和解决问题，帮助学生充分发挥其主观能动性；其次，教师还要正确处理线上与线下教学之间的内在联系，积极探索适合各部分有效教学的方法；最后，教师需要根据学生的实时在线学习情况，及时对教学内容和教学策略做出调整，以满足学生多元化的发展需求等。

3.坚持课程内容模块化组织的原则

在 SPOC 教学模式中，课程内容的组织要坚持分主题、分模块的原则来进行，将课程内容划分成几大类主题，再将主题进行模块化的设计与优化组合，在模块内又按照具体知识点的应用阶段不同将知识点分为基础性知识、提高性知识和拓展性知识。基础性知识主要出现在课前预习阶段，即新知识的习得阶段，提高性知识用于课中知识的巩固和转化阶段，课后与知识的迁移和应用相关联的就是拓展性知识。另外，教学资源的组织也要坚持模块化设计的原则，SPOC 教学资源包括课堂教学资源和网络教学资源，课堂教学资源以电子课件和教师推荐的相关书籍为主；网络教学资源作为一种数字化资源形态，包括文本、网络课件、微课、微视频、MOOC 等多种类型。按照不同的资源类型将设计和制作的教学资源上传至网络教学平台，便于学生随时随地获取和查看。

4.坚持教学活动设计的灵活性原则

在课程教学过程中，教师和学生都更加青睐于一种生动灵活的教学方式。MOOC 带给学生更多的是一种学习体验，但在教学内容和活动设计方面往往过于中规中矩，加上其单一的授课模式很容易使学生失去课程学习的兴趣。SPOC 与 MOOC 最大的区别就在于其小规模的教学特性，无论是线上还是线下，教师都能够根据班级实际情况做出灵活的教学活动设计。教学活动设计的灵活性应当体现在教学的各个阶段，如提供给学生课前预习的线上学习资源应当具备可选择性，资源分不同类型和不同格式呈现；课中教学活动的设计应当满足在纵向和横向上的灵活，纵向上能够体现教学活动的路径，横向上应既能覆盖教学活动系统要素，又能让教学活动设计更具有可操作性；课后除了要留给学生更多的自主选择讨论的时间，还要保证有足够的交流权限，方便学生向同伴和教师请教。

5.坚持线上、线下混合式教学的原则

MOOC 等在线学习方式的不断发展，引发了传统课堂教学模式的深度变革。SPOC 教学模式的构建需要在混合式教学视域下进行，坚持在线学习优势和传统学习优势相结合的原则。SPOC 是面向传统校园中的学生，有同步和异步两种教学方式，同步 SPOC 是学生学习网上正在开课的一门 MOOC 课程，教师课堂上对课程教学内容进行补充，无法对课程资源进行修改；异步 SPOC 是教师自己设计和开发课程资源上传至网络教学平台，学生通过注册进行学习，教师可随时进行资源的添加、删除和修改等。教学模式的构建以异步 SPOC 教学为主、同步 SPOC 教学为辅，但无论是同步还是异步，都应该坚持将在线学习与传统学习相混合开展教学的原则。不仅要利用在线学习互动性、便捷性的优势开展基于流媒体视频的学习，基于在线讨论、在线测评和在线答疑的学习，还要着重发挥传统课堂面授的作用，针对学生线上学习情况，实现课堂面授从原来的"讲多练少"过渡到"精讲多练"，从原来的面面俱到过渡到只侧重于重点、难点问题。

（四）对师生的新要求

相对于单一的传统课程教学或在线学习，SPOC 教学弥补了他们的局限性，是对传统教学和在线学习的有效整合，对于提高教学质量和网络资源的利用率具有重要的意义。把传统教学、在线学习与 SPOC 混合式教学进行对比，通过突出 SPOC 教学的特征来对师生提出的新要求做具体分析，可以明显地看出，相对于传统教学或在线学习的教学模式，SPOC 教学具有明显的优势，它提供了一种不同于单一的传统教学和在线学习的知识传播模式或学习方式。在这种教学模式下，也对教师和学生提出了新的挑战。所以，在其应用实施过程中，教师和学生应该转变他们原有的教学或学习方式，否则 SPOC 教学将失去其价值和意义。

1. 对教师的挑战

对教师而言，在线上＋线下相结合的混合式教学环境下，需要对整个教学内容、教学资源有一个总体的把握，并根据学习者的特点来选择内容呈现最合适的方式。在教学过程当中教师的角色发生了一定的变化，由于网络资源的介入，教师不再是整个教学过程的主导者，而是教学过程的组织者，课程的开发者，学生意义建构的帮助者、促进者和引导者。在技能上，教师除了在传统课堂传授知识外，还需要对网络教学资源进行选择和组织，营造良好的学习情境。这就不仅要求教师熟练掌握专业知识，同时也对教师的综合技能提出了较高的要求。

2. 对学生的挑战

SPOC 教学强调学生是学习活动的主体，学生能够积极地投身于学习的各个环节。在知识的维度上，学生不仅要掌握书本内容，学习基本的理论知识，同时，在开放式的网络学习环境下，学生需要在海量的在线资源中搜集相关内容来配合课本内容的学习，以达到巩固强化的作用，培养学生的创新思维能力。

（五）实施条件

1. 限制性准入

SPOC入学有一定条件限制，有前置申请过程和严格的审批流程，主要面向校外和校内两类人群。校外面向全球的在线学习者，学习者通过平台提出申请，完成相关考核和测试通过后即可入学，并且要保证有足够的学习时间和学习强度，完成作业和参加考试，人数控制在500人以内，未通过者可以作为旁听生注册参与学习。校内面向在校大学生，人数少且固定，也是SPOC最主要的学习群体。对于申请参加SPOC课程学习的在校生，本身专业能力和知识结构都存在差异，主讲教师要对其进行筛选，对能力相当且知识结构差不多的学习者予以通过，便于教师设计课程和控制学习进度，授课班级通常是正常的班额标准人数。

2. 构建前期分析

在进行SPOC课程教学之前，需要对课程涉及的要素进行前端分析，使教学资源和教学活动的设计更加符合学习者的需求，确保教学设计的合理性及有效性。前端分析包括学习者分析、教学目标分析和教学内容分析。

（1）学习者分析

学习者分析通常主要分析学习者的特征、起点水平和学习需求等。SPOC不同于MOOC，对学习者入学有严格的条件限制，这样就减少了学习者之间本身存在的个性特征差异，分析学习者的特征可以帮助教师确定教学目标，制订教学计划；学习起点水平分析包括学习者的年龄、性别、年级、学习动机、已经具备的与要学习的内容有关的知识与技能的基础等；学习需求分析包括对学习者学习动机和对SPOC课程学习的态度、建议等，意在明确学习者的学习意愿和所需要获取的帮助等。

（2）教学目标分析

教学目标的确定是教学设计的第一步，在教与学的活动中具有重要作用。如何在课堂教学目标设计时把新课程标准的要求落到实处，这就要求以新课标的理念为指导。21世纪初我国新课程改革中明确提出了要实现课程教学的"三维目标"，即知识与技能、过程与方法、情感态度与价值观，构建起课堂教学比较完整的目标体系，保证在目标分析过程中不失偏颇，倒向一边。有学者提出了在网络课程设计中教学目标的两种类型，即行为目标和生成性目标。行为目标强调学习者学习之后的行为变化和变化的条件，是能够观测和陈述的目标，适合于结构化的基础理论知识和基本操作技能。生成性目标与问题解决活动密不可分，指学习者在教育情境中随着教育过程的展开而生成的目标，它是问题解决的结果，强调学习者与问题情境的交互作用。

（3）教学内容分析

教学内容是指为了达到特定的教学目标而要求学习者必须学习的知识或技能。教学内容的分析是课程开展的前提，只有在对内容分析的基础上才能知道本节课的重难点，才能明确教育目标。教学内容分析就是鉴别教学内容的性质及其组成部分，并在此基础上把综合的、复杂的整体内容分解为各个相对独立、简单的组成部分，确定各个部分之间的联系。在进行 SPOC 课程教学内容分析时，教师要结合课程标准和教学目标，依据学科特点分析课程标准的要求、明确教学内容的范围和框架，规定哪些内容适合线上自学、哪些内容适合线下讨论，以此来选择合适的媒体和工具，设计相应的教学活动。

（六）考核评价标准的制定

考核评价标准应该具有适用范围的全面性，针对各类应用 SPOC 模式的学习者都具有一定的普适性。这样才能比较真实而全面地考察教学模式在施教过程中的成果。由于 SPOC 教学模式的开展通常规模较小，是具有一定的群体特点的，这就要求在构建每一个 SPOC 教学模式的评价标准时，应当具体情况具体分析，具体特点具体运用，既不脱离 SPOC 教学模式的基本构建教学理念，又能如实反映具体课程的实施效果。

考核评价是学习者学习活动质量的体现，是教师对学习者进行评价的重要依据，是教学活动过程中必不可少的一个环节。基于 SPOC 的高职课堂教学模式采用线上和线下相结合的多元化评价方式，以形成性评价和总结性评价相结合为主，重视过程性评价。形成性评价是指在 SPOC 课程教学活动开展的过程中实施的评价，一方面主要从学习者课堂表现、在线参与讨论情况、学习任务完成情况、作业提交情况和小组学习贡献度等方面进行评价，另一方面通过设计和发放评价量表对学生完成的作品和作业进行评价。按照评价实施的主体不同，形成性评价主要包括教师评价、学生自评和同伴互评，多方位、多主体开展多元化混合式教学评价。总结性评价主要以教师评价为主，以学习者的考核成绩作为主要评价内容，并根据 SPOC 教学的特点，重视形成性评价，降低总结性评价的比重。

二、SPOC 教学模式构建实践

（一）教学准备

1. 教学资源准备

教学资源设计是 SPOC 教学活动开展的前提，在设计教学资源的过程中不能忽视其对教学活动的支持作用。教学资源通常分为两大类，即设计的资源和利用的资源。设计的教学资源是指任课教师自己制作的资源，即自建的资源，如 PPT 课件、微视频和教学案例等；利用的教学资源既可以是任课教师改自他人的优秀课件和教学案例等教学材料，也可以是内容上和教学无关但被发现可用来为教学服务的非教学材料，即改编的资源。为了满足不同层次学习者的需求，教师可以充分利用国内外 MOOC 平台上丰富且优质的教学资源，同电影录像、电子书等一起作为拓展性资源提供给学习者。此外，教学资源的设计也应当包括教学大纲、学习任务单、讨论区资源和作业的设计等。

2. 实施授课准备

第一，对所要学习内容进行 SPOC 和翻转课堂结合模式的适配。这个过程并不是所有的内容都可以直接颠倒学习顺序照搬过来用 SPOC 和翻转课堂结合学习来教学，单纯地照搬，不仅显得生硬，并且会降低学习效率，比如说，学生在初中需要接受的科目和各类知识要点非常多，如果课前学习过程中遇到较为复杂的问题，学生很难厘清这些问题的思绪，可能就会产生烦躁和抵触，对整个课程的接受也会有阻碍，因此必须对课程内容进行筛选。

对于学生无法厘清的复杂问题，尤其是有多种思路和想法方向的内容时，应该先进行交流，明确学习方向。如果学生在交流后可以掌握这项知识，那么就可以开展 SPOC 翻转课堂教学。学生通过在网络中的自学，提前了解知识点，带着自己对于知识点的思考和疑问来上课，在课堂上进行有效解决，获得更加深入的理解，最终实现学习效率的提升。这些知识内容要难易适中，太难会让学生有退却的心理，太简单又让学生失去挑战性。

第二，课后阶段最关键的是分组，通过分组来解决大作业的内容。这就需要教师来进行科学合理的分组，每个学生的性格特点、学习情况，对本节课的掌握情况等都考虑进去，最后形成一个完整的小组。小组之间应该是平衡的，每个组都有着竞争力，都能够完成大作业的内容。而且，小组内部的成员应该是学习成绩参差不齐的。不能把所谓的成绩好的学生放在一组，那样对他们的思维发散不利，很容易得出结果，失去了知识升华的意义。更加不能把成绩不好的学生放在一组，那样结果太难得出，学生的思维也是混乱的，更加无法达到知识的进步。应该将学生打乱进组，强弱都有，每个组的成员都可以在组中找到自己的位置，具备自身的特点和优势，这样才能够发散思维，一方面正确的解题思路不会乱，另一方面又可以引入更加新颖的思想。小组一般以 6~8 人为宜。

第三，教师的主要作用是引导。在 SPOC 翻转课堂开始后，要进行分组讨论。在讨论的过程中，教师要随时进行观察，遇到不正常的讨论，尤其是讨论失去秩序时，教师要及时参与进去，进行引导，让学生的讨论回到正轨上。在学生遇到困惑时，可以集中问题，便于下次讲解时一并解决，减少疑虑。最好还要让各组形成竞争，确保差距不大，这样才能形成你追我赶的学习氛围。

第四，恰当地评价。SPOC 翻转课堂的学习，最大的特点就是让学生主动去讨论，带着问题去找答案，在这个过程中，激发了学习兴趣，加深了记忆，在保障学生掌握知识点的同时，也让学生通过交流找到自身的不足。教师要对每个学生都进行恰当的评价，这个评价不仅仅是看结果，还要看学生在课堂的交流和讨论中的表现。评价要尽可能是鼓励性的，即使学生有不足，也要以鼓励为主，让学生对于学习不再感到厌恶，而是积极主动地去学。

3.学生准备

学生在正式进行基于 SPOC 和翻转课堂结合的教学模式之前，需要对学校的知识平台管理系统进行熟悉和了解，做好课前准备。学生在翻转课堂活动中，要按照老师布置的任务自主学习，完成作业，就疑难问题进行在线交流，成为课堂活动真正的主角。学生对学习知识的相关问题进行预习，对与之相关联的课堂知识进行预习，提前做好准备工作。

（二）学习资源分析

在 SPOC 混合学习模式中，学习资源设计对教学活动的开展以及学生对知识的掌握起着重要作用。

教师在进行线上学习资源设计时尽可能选择高品质、适合本节课知识的资源。不同于传统教学中枯燥的文字叙述或过长的学习视频、过多的学习内容、知识点杂乱而导致学习效率降低，SPOC 混合学习模式的资源设计要求知识内容的分布合理、教学内容生动有趣、知识点简单明了。为丰富 SPOC 学习平台资源数据库，可通过以下方式为其转变能利用的资源。

引进——根据教学目标、学习内容，引进 MOOC 平台中的优质课程。

改造——将知名高职的精品课程、公开课依据教学内容改造后上传至 SPOC 资源数据库。

自建——课程的自建要适用于 SPOC 的混合学习模式，要符合教学目标，明确学习内容，并合理分布知识点。

（三）学习过程设计

在 SPOC 混合学习模式中学习过程设计为整个模式中的重点，经由前期分析将分析结果与学习资源整合并进行设计后应用到实际课堂教学中，学习过程设计决定着此模式是否能顺利实施。在实施课程设计时，根据教学目标将学习内容划分为课前知识传递、课中知识构建、课后知识巩固三个部分，学习过程设计如表 6-3 所示。

表6-3　SPOC混合学习模式中学习过程设计

	教师	学生
课前知识传递	教学目标分析，设计学习资源与测试，制作学习任务单，查看任务完成情况，辅导学生答疑	查看学习任务单，观看学习视频，提出疑问，在线讨论，完成自测，准备课堂教学
课中知识构建	检查学生学习情况，解答汇总问题，组织学生讨论，教师点评小组成果	汇报学习任务情况，指出仍未解决的问题，参与小组探究，成果汇报
课后知识巩固	重难点知识归纳，设计课后习题测试，反思总结，辅导学生答疑	查看总结，查缺补漏，完成课后习题测试，准备下节学习

（四）教学活动开展

1. 课前阶段

在开课之前，教师将所选择和设计的与本节相关的教学资源上传到 SPOC 平台，让学习者了解课程内容，明确教学目标，有目的、自成体系地进行学习。课前，教师根据所学知识提前制订具体的任务单，任务单包含学习者在线上学习中所需完成的学习任务。教师根据教学内容设计自测题上传至 SPOC 学习平台，这不仅能协助学习者了解本节所需重点掌握的知识，还可以检验学生对新知识的掌握程度。教师通过测验信息的反馈掌握学习者学习新知识的情况，便于在线下课堂中对线上所遇到的学习问题进行有针对性的补充和讲解。在 SPOC 学习平台上进行自主学习时，如学习者对所学知识存在疑问，可通过通信工具或利用 SPOC 学习平台上相关功能与教师、同学进行探讨。

这一阶段，教师和学生分别是 SPOC 翻转课堂活动的策划设计者和参与执行者。前者（教师）要基于学生现存状况安排教学活动，布置学习任务，组织在线交流；后者（学生）要遵循教师指导，按照老师布置的任务自主学习，完成作业，就疑难问题进行在线交流，成为课堂活动真正的主角。在这个阶段，学生在多媒体教室进行自主学习，学习的内容是教务处和教师一起为学生准备的相关教学案例、视频、作业以及互动题目。所有的内容均在学校内部的多媒体资源库上，学生根据自身情况自学。

（1）教师活动

教师根据教学需求进行课程教学内容的设计，开发教学资源并上传至网络教学平台，通过网络教学平台添加分组之后发布学习任务单，并且推送课程教学内容大纲、微视频和评分表等相关教学材料。学生在自学完成学习任务单后，教师根据学习任务单完成情况设计相关讨论区任务，并且在学生讨论过程中对个别比较集中的问题进行实时答疑，帮助学生顺利完成学习任务，讨论过程中的难点问题也需要记录下来在课堂面授中给予重点讲解。

（2）学生活动

学生登录到网络教学平台查看课程教学大纲和基础性教学资源，了解分组情况和基本的教学信息，通过学习教师推送的文本、视频、课件和拓展类教学资源自主完成学习任务单。根据平台教师发布的在线讨论任务，参与在线讨论交流和答疑，学习过程中记录重要知识点和疑难问题，通过在线讨论工具向教师和同学请求帮助，学生也可以进行小组内的讨论交流，不仅避免了自己的发问因人数过多而被忽略的情况，同时也培养了小组合作解决问题的能力。

2.课中阶段

从前面教学设计阶段看到，学生通过课前翻转课堂的学习，初步认识了本阶段要掌握的知识点，经过与教师的沟通和交流，以及实践操作，巩固学到的知识，促进学习效果的提升。教师在课堂上解答学生普遍遇到的疑难问题，对学生学习任务完成情况做相应评价，并在多媒体教室对错题进行呈现和答疑。

在实体课堂教学中，上半节课主要是对所学新知识进行梳理、总结，并对学生进行答疑。下半节课主要是进行小组合作探究、成果展示等课堂活动，具体安排依据具体的教学内容。教师根据线上平台的信息反馈进行备课，尽可能解决学生在学习新知识时所遇到的问题。在课堂教学活动中，教师可根据不同学生的知识水平提出分层次的综合问题，目的是让学习者进行独立思考，如果学习者自己不能解决，可以通过已分好的学习小组进行交流与讨论，最后选一名小组代表进行汇报，从而检测学生对知识的掌握情况，这也是对学习者综合能力的培养与锻炼。

学习者在教师进行课堂知识总结梳理时，要认真听讲并能主动向老师请教；积极参与小组讨论，并与小组成员合作一起处理所遇学习问题，同时虚心接受来自老师和同学的批评指正。

（1）教师活动

线下课堂教学中，教师首先根据学生分组情况调整座位，进行线上问题的答疑解惑，通过重难点讲解、课堂讨论和个别指导等活动深化对知识点的理解，帮助学生解决问题；然后组织课堂教学活动，指导学生课堂小组协作完成任务，同时对学生课堂汇报情况做现场点评。

（2）学生活动

学生首先将自己线上学习中的问题在课堂中提出来，师生通过协作探究的形式进行面对面的问题解决。接着，根据小组学习任务的要求，小组在完成网上作业的同时面对面地讨论和交换意见，各小组成员在教师的引导下进行课堂小组讨论。最后是课堂汇报，将个人或小组的作业带到课堂上进行演示，课堂演示的目的是获取更多的评价，得到师生不同的意见和建议，便于完善作业。

3. 课后阶段

由于教学课程知识点多，利用课程综合大作业（学生分组进行讨论）培养学生的团结协作能力，学生通过与同学的探讨和实际动手加深对所学知识的理论认识。

传统课堂教学结束后，学习者完成老师所布置的随堂作业，师生、生生之间并没有太多互动。在SPOC混合学习中，教师根据学生课前学习情况以及课堂表现，对重难点知识进行总结和整理上传到SPOC学习平台，方便学生对新知识进行复习。教师要求学生完成本节课的测试题，以便掌握学生对本节知识学习情况；学生在学习过程中遇到问题时，可通过线上平台的相关功能以及社交软件向同学、老师寻求帮助。

（1）教师活动

教师课后对学生线上提交的作业进行点评之后，将优秀作业及评语放在网络教学平台公共区域进行展示。根据课前自学和课中学生的完成情况进行课堂总结，课堂总结也反馈在平台上供学生复习时巩固练习，并在平台发布拓展学习任务。最后反思教学中存在的不足，及时对教学方案做出调整。

（2）学生活动

学生依据教师的作业点评，并结合平台上的拓展类学习资源对作业进行修改完善。学有余力的学生还可以挑战拓展学习任务，实现对知识的巩固和拓展。最后反思课堂学习中的不足和疑惑，通过讨论区继续寻求问题解决的方法，不断深化对问题解决的正确认知。具体内容如 6-4 所示。

表6-4　课前、课中、课后具体开展过程

具体时间	教师活动	学生活动
课前	发布学习资源和学习任务单	按照任务单自主学习，完成自测题
课中	检测新知识掌握程度，小组合作，重难点答疑	小组交流合作完成任务，汇报总结
课后	归纳总结重难点	完成课后练习在线交流

（五）教学评价

1. 总体评价

学习评价在 SPOC 混合学习模式中占有重要的地位，它贯穿于整个模式中。作为教学设计的最后一个枢纽，完整的评价体系不仅能够从客观公正的角度去检验学生的学习效果，还能有效转变学生的学习态度，提高学生的学习效率。

从学生的体验、教师的访谈以及平台的统计信息多个角度来调查混合式教学的应用，可以看出课程在运用 MOOC 平台 SPOC 模式下的混合式教学具有一定的价值，主要是从混合式教学的教学效果上来看，充分地体现了其以下几点优势。

第一，提高了学生的学习兴趣。学生不再是知识的被动接受者，新型的在线学习改变了以往的教学模式，更容易吸引学生的注意，学生可以根据自身的需求主动寻求想要的资源，自己调节学习进度。

第二，有助于学生多种能力的培养。混合式教学不仅是对知识理论的学习，在平台中的互动讨论、作业、教师推送的多种课外资源有助于学生自主学习能力、团队合作能力以及问题解决能力的培养。

第三，运用平台中的自动改卷系统一定程度上减轻了教师批改作业的工作量。教师只需要在创建试题的同时把答案和讲解一并给出，当学生完成提交发放的作业时，系统会根据教师之前已创建好的答案自动批阅作业，并把成绩反馈给教师和学生，学生可以立马知道自己的得分，及时查看，发现问题。

第四，多方位地向教师提供了关于教学进度调控的依据，教师更容易掌握学生对知识的学习情况。在传统的教学中，教师只能通过学生课后的作业或者考试来评价学生的学习情况，进而对教学进行相应的调控。网络教学平台中具备完善的统计信息，包括对每个学生成绩的统计、学生对教学视频的观看情况以及对平台的访问次数等。

2. 存在的问题

基于 SPOC 和翻转教学结合的教学模式，对于学生成绩提高是有效的。该教学模式结合分组研讨的形式，有利于提升学生学习的兴趣，使学生在学习中有很深的参与感，从而在这个过程中成为知识学习的主人。另外，学生的表达能力得到良好提升，在课后阶段的大作业的完成也很好地培养了学生合作协同解决问题的能力。此外，由于教师也可参与到课堂问题讨论中来，发现学生出现认知上的错误后，能够很快将问题在课堂上提出来并共享，解决大多数学生的共同疑惑，也可以减少其他小组学习的阻碍。

该教学模式能够在一定程度上使教师摆脱传统教学中一对多传授知识过程中不可避免的局限性。在课前阶段，学生利用校内 SPOC 平台自行学习，发现问题可及时向老师求助，使学习更具针对性；课中阶段，老师结合课前阶段学生提交作业和个人提问的情况，有针对性地进行重难点的梳理和讲解，提高学生掌握知识点的效率；在课后分组探讨完成大作业阶段，教师可以引导各小组间的讨论，进一步为学生把书面知识巩固内化为能力提供指引。这一模式很好地克服了传统课堂上知识讲解侧重点和节奏"众口难调"的不足。

该模式虽有上述优点，但在实践过程中，仍发现一些不足，需要后期的研究来完善。

第一，SPOC 教学不仅要求教师具备优秀的教学能力，还要有选择或制作优秀教学资源的能力，同时线上要进行答疑解惑，线下还要组织课堂教学活动等，与传统教学相比，这些无疑增加了教师的工作量。

第二，SPOC 讨论区功能没能得到充分发挥，很少有学生能够提出比较有价值的话题，对于话题的讨论也很少有人能"打破砂锅问到底"，讨论区交互性不够好。并且网上讨论主要是以异步形式为主，部分讨论区任务时间跨度较大，导致学生的提问不能得到及时的回复，影响了学生问题探究的主动性和积极性。

第三，虽然 SPOC 与翻转课堂结合的教学模式能够很好地解决学生缺乏学习兴趣和被动学习的问题，但对于一些较抽象的课题，学生的自主学习并不能很好地达到预期效果，在课中阶段，老师需要留出更多的时间进行答疑，在教学进度的把握上难以兼顾。

第四，由于学生自控力稍欠缺，在该模式下偶有发现一些纪律管理上的小问题。如在课后大作业完成阶段，会有部分同学不参与课题讨论，聊一些题外话。针对课堂纪律，该模式较传统课堂的管理难度有所增加。

第五，该模式注重自主学习和知识能力内化，需要较多的教学时间来完成，首次课前准备需要 30 分钟，第二次课中环节需要 45 分钟讨论，课后 30 分钟继续完成团队协助作业的探讨。完成一个学时共需要 105 分钟。与传统的教学模式一个课题 2 课时 90 分钟相比，基于 SPOC 和翻转课堂结合的教学模式所需要的课时还是稍显多一些。对于面临考试压力的学生，他们还有许多其他课程需要学习，在课时设计上该模式还有进一步优化调整的空间。

第六，从平台中的讨论区可以看出学生的学习积极性，该功能没有得到充分利用。讨论区是学生提问、发言参与互动的一个功能区，然而从调查显示的数据来看，学生与教师的互动或者学生和学生之间的互动不够强，不论是教师引导下的主题讨论还是学生自发的自由讨论，学生的参与度都不高。平台上的互动有助于学生发现问题、解决问题，培养学生对知识的自主建构能力，因此，平台中的讨论功能区若没有得到充分的利用，学生的这种能力难以得到培养。

第七，师资力量不够。混合式教学并不是把传统课堂和在线学习简单地叠加起来，网络教学平台中的学习资源要以课程的教学内容为基础，以实现教学目标、提高教学质量为重任。此外，学生的学习兴趣、学习积极性与优秀的教学资源密切相关。因此，在对网络资源进行选择和组织的过程中，教师需要花费较多的精力和时间。而往往在混合式教学过程中只有一位教师和一位助教，对课程的开发和管理显得比较吃力。

第八，在网络平台中有非常丰富的课外读本资源，资源的选择和推送只由教师个人行为决定，学生负责阅读、学习教师在平台上发布推送的资源。不能由学生根据自己的意愿任意搜寻资源这一点似乎有悖于建构主义学习理论，不利于学生自主探究能力的培养。

3.完善措施

第一，招募研究生组建课程教学团队，强化助学指导者的作用。课程的设计与开发通常是由任课教师完成的，由于从课程设计到开发再到实践耗费大量的时间和精力，教师的工作量明显比以前增加了许多。针对这一问题，除了要提高教师自身的综合素养以外，在SPOC教学模式中还应该加入教学团队要素，强化助学者的指导和帮助作用。通过招募研究生组建起课程教学团队，一方面协助教师完成在线课程的设计与开发，以及教学资源的制作和上传；另一方面帮助教师管理SPOC教学平台，为在线教学活动的开展提供及时且有效的指导和帮助。

第二，提高网上视频类教学资源建设的适合性和合理性。视频类教学资源在SPOC网上教学中起着很重要的作用，直接影响着学生进行网上自主学习的效果。通过自建和引入的方式可以开发大量的视频类教学资源，但是由于引入的教学资源与课程教学内容相关性不是很高，往往被当作拓展资源进行使用，只有自建完成的视频类教学资源才被用在教学过程中。为了得到最佳的教学效果，教师和课程开发团队要注意提高视频类教学资源的适合性和合理性，依据学生和教学内容的特点有针对性地设计和制作视频类教学资源，准确把握资源的类型和特点，提高资源同教学内容的相关性。同时加强对引进视频类教学资源的优化和改造，使其符合课程教学内容的要求，提高学生网上学习的兴趣。

第三，加强教师对讨论区活动的引导，提高学生自主学习能力。讨论区是学生参与互动和提问的一个功能区，有助于培养学生对知识的自主建构能力，有助于教师发现问题并进行问题解决。虽然在实际教学过程中，教师通常会提出杜绝无效帖的明确要求，但仍然有部分学生为了完成讨论任务而发问，讨论区交互功能没能得到充分利用。为了应对这一问题，在SPOC在线教学活动模式设计中，应该重点发挥教师对讨论区活动的引导作用，为学生在线讨论营造一个良好的讨论环境。教师不仅要设计能够引起学生注意的讨论区话题，鼓励学生敢于提问和质疑，还要及时解决学生在讨论区中的提问，尽可能多地关注到学生在讨论区的每一次发言。同时也要根据话题讨论情况对个别问题进行适当干预，将话题讨论引向更深层次，提高学生在线自主学习的能力。

第四，适当组织网上集中学习，限制在线发帖的时间跨度。网上教学是SPOC 教学模式不可或缺的一部分，在实际教学过程中，可以尽可能地根据实际教学需求适当组织网上集中学习，使学生在同一时间登录平台进行交流讨论，确保师生的发帖能够及时收到回复。同时针对异步讨论任务的难易程度，适当限制在线发帖的时间跨度，确保每个问题都能够得到及时且有效的解决，从而避免因等待时间过长而丧失了对问题探究的兴趣。

第五，建立 SPOC 评价监督机制，完善评价内容的具体标准。在海量的SPOC 教学理论研究中，各个具体实施 SPOC 教学模式的团队通常都能够构建一套比较健全的教学评价体系，包括教师评价、学生自评和同伴互评，同时也提供了相应的评价量表，使学生的自评和互评更具操作性。但是由于缺少必要的评价监督，并且评价量表内容的具体标准有时也不够完善，导致 SPOC 评价体系的实施力度过低。教师应当在实施多元化评价的基础上，重点关注评价实施的效果，建立起针对 SPOC 教学评价体系的评价监督机制，发挥师生课堂督导评价的作用。细化评价量表的内容指标，将每一项评价指标内容都对应到某个具体的测量标准，确保评价取得较好的效果。

第六，学生主动学习意识需提高。SPOC 模式下，学生要有主动学习的意识，应转变传统的学习观念，认识到自己不再是知识的被动接收者。在混合式教学过程中，虽然也有课堂教学的环节，但是应更多地关注在线学习过程中学生的主动探究、发现。课堂教学中，学生紧跟着教师授课的步子，围绕课堂上教师提出的问题，明确教学大纲所要完成的教学目标。以课堂教学的内容为导向，进行独立自主的在线学习，此环节的学习没有教师面对面的监督，没有同伴在身边一起学习的氛围，完全依靠学生自己的主动性和自觉性。因此，SPOC 模式下的混合式教学要求学生具备高度的主动学习意识。

第七，教师师资团队应强化。在与教师的访谈过程中，任课教师透露了混合式教学任务工作量大的压力。因此，在未来的混合式教学过程中，教师要提高自身综合素养。混合式教学除了要求教师具备优秀的教学能力之外，对教师遴选、使用有效的在线资源的能力提出了新的要求。教师需要选择或制作与课程内容知识相衔接的在线资源，所选择的资源要遵循教学内容的符合性原则，同时，又要注重内容的趣味性来猎取学生的好奇心，引起学生对课程内容的共鸣，以达到巩固、强化知识的目的。

第八，平台功能更加完善，加大对学习过程的监控。由于在线学习的高度自由特征，对于有些不自觉的学生而言，学习过程的参与度成了一个很大的问题，学习过程监管不到位，就难以提高教学质量，实现预想的教学效果。因此，在平台功能方面，相关的技术人员应从这一方面考虑来对平台开发新的功能。

第九，面向学生开放资源。在教学实施的过程中作者发现，平台中的丰富资源只对教师开放，供教师选择和发放，这不利于学生自主探究学习能力的培养。在线学习之所以受到学生的青睐，就是因为其丰富多彩且开放的在线资源。因此，网络教学平台中的课外资源不应该只由教师选择发放，更应面向学生开放，让学生根据自身的需求和爱好进行选择。

第七章 高职计算机专业 MOOC+SPOC混合教学模式

大量的教学实践表明，"MOOC+SPOC"混合学习方式给教师和学生带来了双向积极效果。教师在混合教学模式下能够直接得到学生的学习反馈，学生也能建立起主导型学习思维。本章内容分为混合式教学概述、MOOC+SPOC在翻转课堂的教学应用两个部分。

第一节 混合式教学概述

一、混合式教学模式的产生

混合式教学的理念来源于20世纪末出现的混合学习理论，一开始它只是大企业内部员工培训的教学理念与理论基础，以提高员工的技术水平以及综合素质，最终达到缩减成本、提高收益为目的，后来这种教学思想引发了国外教育学家的关注，他们将混合式教学大致分为三类：一是教学模式或传输媒介的混合；二是教学方法的混合；三是线上教学与线下教学的混合。

对于混合式教学过程，通常认为混合式教学包括四个步骤：第一，正确了解学生的需求；第二，依照不同学生的不同特点因材施教，制订不同的学习计划；第三，根据混合式教学的具体实施环境，明确课程内容；第四，在混合式教学过程中，对教学效果进行全面跟踪及评价。也有的学者将混合式教学分为四个阶段：基于网络的传输、面授学习、形成产品、协作延伸学习。

二、混合式教学模式的定义及特征

（一）混合式教学模式的定义

1. 国外学者的定义

2002 年，印度国家信息技术学院正式提出混合学习作为学习方式的组成。混合式教学方式的特点主要表现为教师与学生面对面学习、实时的 E-Learning（Electronic Learning，网络学习）以及自主的学习模式。学者在混合式教学的相关研究中总结分析得出，混合式教学多利用现代信息技术加以辅助教学，通过利用信息技术的可编辑性及传播性，实现教学内容的优化处理，达到高效教学与学习的目的。由此可见，混合式教学是多种教学手段的集合，其目的是实现高效教学效果，提高学生学习成绩。

2. 国内学者的定义

何克抗教授最先将 B-Learning（Blended Learning）概念引入中国，他认为所谓的 B-Learning，是在常规教学基础上，把网络学习具有的优势应用在常规教学中，实现了信息技术与常规教学手段的融合。网络学习具有实时性、可选择性的特点，但是网络学习缺乏监督和引导，具有一定的不可控性；常规教学的教学手段较为单一，但面对面的教学无形中加强了师生间的感情培养和心理沟通，通过两者的融合，发挥各自的优势所在，实现教学的监督与引导作用，有效调动学生学习积极性与主动性。

李逢庆在《混合式教学的理论基础与教学设计》中将混合式教学定义为在适当的时间，采用恰当的技术，让学生培养能力，从而取得最优化的教学效果。

李克东教授认为，人们对网络在线学习的反思产生了 B-Learning，它是在教育领域里，以及教育技术领域中比较流行的术语，通过有机整合面授与在线学习模式，更好地降低成本，提高教学效果。

混合式教学是通过整合传统学习方式和网络学习的优势，科学合理地进行分配，从而实现提高教学效果、降低教学成本的目的，更有助于发挥教师主导、学生作为学习主体的教学模式的作用。

（二）混合教学模式的特征

1. 混合式教学顺应时代发展的特征

当今社会科技高速发展，信息技术充斥着社会发展的各个角落，人们的生活离不开信息技术，社会的进步更需要信息技术的科学发展，混合式教学正是依附于信息技术背景下的教学过程，通过在传统教学模式的基础上整合数字化教学模式（MOOC、SPOC，翻转课堂等）这一手段，来服务于教育事业的发展。混合式教学采用的数字技术主要以视频编辑技术、互联网技术等为主，发挥课堂实体教学的优势，利用网络学习平台达到学生自主学习及协作学习的目的。在混合式教学模式中，知识技能可通过 MOOC 资源平台、SPOC 资源平台、网络数字化平台、移动终端平台进行传播，而在线下则进行实践训练加强知识技能的掌握。

2. 混合式教学模式应用领域较为广泛

混合式思维已被应用到企业培训及教育事业中，最早的三大 MOOC 平台的影响力较大，他们为社会创造了优质的教育资源。随着科技的发展进步和全球知识共享趋势的推动，许多国家也在积极开发和建设 MOOC+SPOC 平台，其特点是大规模、开放、在线。顺应时代发展趋势，中国的高职课程教学的网络平台也积极融入其中（如清华大学在线教育办公室与学堂在线共同研发的在线学习平台——雨课堂，教师与学生利用这一平台，通过整合微信和 PowerPoint 资源的混合式教学手段，实现了线上与线下的交互、课前—课中—课后的交互），积极开展与大学的合作，给学生选择最适合自己的学习方式和课程资源的自由，有利于探索更有效的教育教学手段。

三、混合式教学的优势

（一）课堂互动性增强

混合式学习能为学生与教师提供更加自由的空间，使学生提高学习效率，方便快捷地上传作业，增加同伴交流，提升人际关系，还能让学生学会利用网络平台开展自主学习；混合式学习能培养学生的自主探究能力、动手操作能力、思维组织能力、交流协作能力、理解应用能力等；混合式学习能营造情境，促进学习定向，促进学生的认知，提升建构主义学习的意义，促进合作学习，拓展思维发展；混合式学习能促进专业发展等。

（二）教学满意度提升

采用混合式教学模式，教师的工作满意度会提升。在混合式模式下，教师的在线教学时间增加，教师对自己在混合式教学设计以及实施过程当中存在的问题有更清楚的认识，对学生的预期有更好的把握。学生表示，在混合式课堂上与教师和同伴的互动性增强，混合式课堂需要看的课程资料更多；学生根据自己的时间学习和练习的时间更多，演示学习成果的机会也更多；学生更乐于将学习视为一个主动积极的过程，更加愿意一起做决策，更倾向于批判性思考和问题解决。混合式课堂教师更能考虑到学生的兴趣，学生对任务的选择也有更大的自由度，教师使用混合式教学能提高学生的学习成绩。

（三）提供双向有趣的课堂体验

混合式教学模式能够为老师和学生提供有趣、深入地教和学的双向体验，其吸收多种渠道的教学资源并有效地整合到教师的教学过程中，因为课程的性质、任课老师的个人优势不一样，所以混合式教学是一种多元化的探索。在混合式模式下，自主学习能力较强的学生能够很好地在教师的指导下进行自主学习，然后在课堂上能够就其所学、所获、所思进行研讨，并带动其他同学进行探究性的、深入的讨论。同时应该清晰地认识到，混合式教学模式是在传统课堂模式的基础上拓展吸收了现有的网络空间的资源，给学生提供了一个更为理想的教学过程。然而，在这个过程中有很多难点，教师需要综合考虑多个因素，例如，如何对学生进行科学合理的评价、课程是否适合采用混合式教学、教师投入和收效是否成正比、如何高效进行混合式教学等问题。

四、混合式教学的构建要素

（一）资源评估

由于混合式教学是线上、线下结合的教学模式，因此，如何进行教学设计、评估教学效果是最关键的。混合式教学资源包括学校资源、课程团队资源、技术支持资源三方面。

1.学校资源

评估学校是否有能力开设混合式课程取决于学校是否有媒体部门、教学中心。并不是所有的学校或者机构都具备开设混合式课程资源的能力，因为混合式学习课程在国内处于摸索阶段，设计混合式课程需要花费大量的时间和金钱，加上学校资源有限，因此，学校管理者的支持在一定程度上起决定性作用。对于想要探索混合式模式的学校或教师，要注意把握混合式课程的规模及其应用效果，同时应该及时建立资源库，给后续混合式课程的设计提供可用的资源库。

2. 课程团队资源

混合式课程运营是否成功很大程度上取决于课程的制作团队，团队的人员应该有一定的制作课程的经验。设计混合式课程的难点在于脚本的编写，团队的领军人物要跟其他成员一起讨论完成课程脚本的编写，统筹安排分镜头脚本之间的衔接及其整体呈现的效果。在课程结束后，团队成员应该花时间去改进课程运行过程中出现的问题，不断优化，以迭代提升未来混合式课程的设计和实施效果。

3. 技术支持资源

学校是否拥有技术支持也是评估能否运行混合式课程的基础。一门好的混合式课程能够给学生提供多方位技术支持，决策者要综合考虑混合式学习空间的布置和设计以及课程所用到的技术手段等，充分发挥互联网的特性。学校要评估附近是否有可供选择的互联网接入点以接入网络供学生学习，如果需要更智能的技术服务支持，开发团队还需具备相应的技术能力。

（二）教学设计

1. 设计思想

混合式学习的设计思想是：基于成效的教育，简称 OBE。OBE 的核心是通过目标、措施、评价的闭环以实现持续改进。例如，在教育技术课程中，有一个重要的研究方法是量化研究法，如果课程目标之一是 90% 的学生熟练掌握 SPSS（社会科学统计软件包）的操作方法，则需要教师在课程设计中明确给出确保这一目标得以实现的各种措施，比如知识点引入方法、列举例题、布置作业等。此外还需要以不同的形式来进行评价，是否这些措施使得上述目标得以实现。评价措施可以是课堂讨论表现、课后作业、期中或期末考试的答题情况等。比如教师可以在期末考试中，专门出一道量化研究法的题，如果该课堂有超过 90% 的学生都能获得 90% 以上的分数，则该目标达成，否则教师就需要研究为什么没有达成该目标。进而要么修订目标，要么改进措施，使得目标得以实现，这就是课程的OBE。那么，如何用OBE的观点来看混合式教学呢？首先需要明确目标是什么。一般来讲目标可以从创造力、难度、广度、课内时间四个维度来衡量，学习者可以在一个或者多个方面取得进步，比如在维持难度、广度和课内时间的前提下提升创造力，可以不训练创造力，增加课程的难度，维持广度和时间，也可以在维持创造力、难度、广度，即相同的教学内容的前提下减少课内时间。不同类型的学校的目标不同，这就是各个学校都在建设自己的课程的根本原因。明确目标后，提出措施；为每堂课设计课前预习任务，包括让学生观看视频，完成讲前练习等；为每堂课设计课堂讨论任务，在学习平台提供学生课前预习行为的大数据分析的基础上，这些任务可以设计得很精细；为每堂课设计课后完成内容，包括纸质作业、学习平台上的每周练习、绘制本课的知识点与关系图等。在一个学期的实施过程中，这些措施可能会根据实际情况进行调整，为了实现OBE，需要在课程的不同实施阶段设计各种评价手段。完成一学期的教学后，需要综合各种评价结果，得出本学期目标达成度的判断，进而提出下次执行时的改进措施。不同的学校目标不同，采取的措施不同，评价手段不同，但是其都是用目标、措施、评价的闭环来实现持续改进。

2.线上教学设计

线上环节在整个混合式教学设计中起核心作用，混合式教学以微课作为线上学习的材料，线上的环节教学设计以动静结合的维度展开。线上部分是混合式教学模式与传统模式的主要区别所在，一个成功的混合式教学模式线上环节的设计是动和静完美结合的艺术，作为教师来说，需把它视作一个再创作的过程。在这个过程中，要遵循一些法度和原则，就是课程的体例、框架。动是课程的节奏和进度，即需先有个主体的框架，教师需要根据学生的反馈及时地对教学进度在微观上进行必要的调整。具体来说在动和静的方面如何进行实际的操作使得混合式教学中的线上部分能够真正成为统一的整体？如何针对混合式模式的线上资源进行静态的设计和部署？静的目标是通过一个相对规范稳定的法度使得学生对教师的学习过程和方向有大致的了解，过程以实际的效果为最终的判定准则。设计时，要明确教师所教学生群体所在专业的基础、学生的学习态度、教师所在单位的总体培养目标的定位、教师所在教学团队的优势，对教学资源进行空间和时间上的筛选、重组，还要尊重不同地区学生的文化差异。动态部分的设计强调实操，在线资源建立好之后，学生可以根据自己的节奏、兴趣、状态自发地进行学习，教师方面，应该对学生的迷思或幻觉有充分的、清醒的认识，有意识地对学生的错觉加以规避和矫正。为了使学生达到有意义地学习，教师要依赖各种线上工具所形成的各种渠道，为学生的学习动机提供外围的影响。

3.线下教学设计

在"微课+半翻转课堂"模式下，教师要根据不同的学生设计不同的方案。针对线下教学设计，教师首先要明确课程目标，根据目标对教学素材进行预处理。课堂预处理包括内容线上组织、学生小组划分、线下内容准备。然后合理安排素材，混合式的实体课堂即翻转课堂上，学生可以进行扩展性的学习、重难点的研讨，课堂用来解决刚性需求，微课用来解决学习差异。线下内容的设计需要对学生进行详细的了解，根据学生的不同表现来重组课堂。混合式模式下，教师对若干学习小组进行授课，教师要重新定义教学内容，根据学生的类别给学生布置针对性的学习题目。线下教学设计中需要对线下脚本进行精细化设计，要以知识点为中心进行线下脚本的设计，线下的知识点要和在线平台的知识点有机结合，教师要根据学生学习反馈情况、难度系数、知识点的内容来设计知识点。混合式模式线下脚本的设计是多模式的组合，有的知识点适合讨论，有的知识点适合用习题来引导，有的知识点适合在线下进行小组的实践。混合式模式下，脚本不是知识的讲解，而是在写一个时间轴，即对时间、节奏的控制。线下学习的分组是讨论和竞争模式的基础，混合式学习分组学习便于激发学生间的学习行为。不能预知课堂将会发生的事情、课堂的节奏无法控制、不能在短时间内解决学生提出来的问题等都会影响教师的心情，教师在进入实体课堂时要做好心理上的准备。

（三）课程结构

混合式课程的课程结构是创新的，需要设计团队投入大量的时间和精力，还要掌握好在线学习时间和实体课堂时间的分配。一个精心设计的混合式课程结构不仅仅是把课程内容放到互联网上，还要对其进行统筹规划。

1.教学目标规划

混合式课程教学目标的规划要注意学生的工作量，尽量避免为了混合而仅仅将课程资料放到网上作为形式，课堂上依旧采用陈述式的讲授方式。正确的做法是教师引导学生利用课堂时间参与项目和活动，让学生主动地构建学习策略，这需要课程团队花费时间去制定。

2. 课程大纲

学生在线学习和课堂学习的学习空间需建立相同的标准，即课程教学大纲。学生明确课程的定义表达和课程的核心结构对于自身知识的构建是很重要的，因此课程大纲的结构需要团队精心设计。课程大纲应该充分考虑学生期望花在作业上的时间、课程如何进展、课程截止的日期、学生最终成绩的评估方式等，这些明确的标准可以减轻学生从传统的教学模式过渡到新的教学模式过程中产生的焦虑。最好的方法是给学生提供完整的时间表，时间表的内容包括明确的项目规划、讨论和合作的细则、项目的截止日期。课程的教学大纲还应强调哪些环节需要同步完成，哪些环节需要异步完成，例如，教师选择在给学生提供在线课程材料的同时，允许学生按照自己的进度参与讲座。为了使学生充分了解混合式课程的大纲和结构，教师每周要对课程进行详细的描述并鼓励学生提问。

3. 互动

在混合式学习中，线上和线下互动环节起到重要的作用，教学者和学习者要进行大量的沟通来保持混合式学习高水平的互动。教师要定期给学生传送新知识，监控学生课堂、课外的互动，尽可能多地为学生提供与教师见面的机会，还要根据学生的反馈持续不断地改进教学。

（四）课堂活动与社区

1. 课堂活动

在混合式学习中，教师要重新思考怎么规划课堂活动，鼓励学生变得更加积极主动，从而参与更高层次的认知活动。混合式学习让学生有更多时间在课堂上相互交流，教师应该给学生提供足够的时间去参与小组讨论，让学生合作解决问题完成项目，并提供反馈。教师建立明确的标准规范学生间的互动交流，学校应该为混合式学习提供必要的学习空间社区让学生完成协作学习。混合式学习的活动通常是基于项目或问题进行设计的，基于项目的活动侧重学生使用不同的技能去完成一个项目，更加具有开放性和发散性。基于问题的学习通常情况下集中在一个科目的学习，基于项目的学习往往是跨学科的。基于项目的学习活动，学生从直接的现实世界获得经验，花费时间少；基于问题的学习活动需要花费一定的时间去完成。基于项目或基于问题的呈现形式多种多样，学生可以进行案例分析、准备课堂辩论、参与动手实验、制作纪录片、设计项目计划书等，课程活动始终要围绕帮助学生实现学习目标来展开，活动的设计和选择基于学习目标，最好的活动是采用主动学习策略，让学生亲身参与学习过程。

2.学习社区

学习社区体现在学校层面是指学校为了使教学辅助者和学习者更好地完成学习而设立的学习空间，学习社区不仅包括物理空间，还包括学习者和教学辅助者之间的人际关系，其最直接的表现形式就是公共空间和学习共同体。学习社区有不同的构成方式，不同的班级可构成学习社区，不同学科群可构成学习社区，同一节课的不同组织形式造成的教学区域流动也可为学习社区。学习社区由参与者、意图或目的、活动、环境组成。基于混合式学习的学习社区具有开放、多元化、协作性等特点，学习者在学习社区中脱离了传统教学教室的束缚，能处于轻松愉快的空间中，为了共同的学习活动组成学习共同体，完成协作学习。

第二节　MOOC+SPOC在翻转课堂的教学应用

一、基于 MOOC+SPOC 的混合教学模式设计

（一）课程设计

1.线上活动

这一阶段往往是一门课程的开始阶段，也是最重要的阶段，此阶段的顺利实施将为最后教学成果的提高打下坚实基础，因此将此环节细分为三个步骤。

（1）教师备课

从内容上，备课要尽量做到课程资源与资料的多元化与层次化，资源的多元化主要体现在资源类型的多样化和资源应用模式的多样性。资源类型多样化，从内容上可分为视频资源、测评资源和讨论资源等；从表现形式上可以分为文本、图像、音频、视频和动画等。资源应用模式的多样性是指授课教师设计的多样化教学活动应当适应各种应用模式的学习，比如自主学习、泛在学习、探究式协作学习等应用模式。由于学生对课程的相关知识掌握并不太多，并不具

备太多自主搜索、挖掘课程知识的能力，因此教师在备课基础上，依据问题化、层次化和递进性的原则，结合学生特点制订教学方案，明确学习目标、学习重难点，以及 MOOC+SPOC 学习、合作探究、学习反思和拓展延伸等环节的内容与要求，将宏观经济学课程学习内容按难度、内容和形式划分为识记类、理解类、应用类和拓展类四个级别，并制订评价讲义，按照"简单""中等""难""非常难"四个标准划分知识点。在学生完成 MOOC+SPOC 的学习之后，由研究生助教分发给各小组组长（可以制作成 Word 文档、Excel 表格，或者以网页的形式），组长负责提醒组员及时填写并在线下课程开始之前三天收齐交给研究生助教进行统计，这样可以帮助教师全面了解学生对于课程的掌握程度，学生在哪一方面理解得有困难，有多少学生对这方面理解困难，这一方面在整个的教学内容中是否是重点内容，如果是重点内容并且有相当的学生将这一部分标记为"难"或者"很难"，那么这一部分将作为线上课程的重点来讲解，标记为"简单"的内容可以简单阐述。除此之外，在构建课程时还应考虑到学习者的实际特征，混合课堂的学习者大都为年轻人，他们厌倦传统教学模式，对新的教学模式充满好奇与热情，并且对新鲜事物的接受能力和学习能力较强，因此，要针对学习者的实际特征进行混合课堂教学活动，针对时代特点和现实热点丰富教学内容。课程内容必须与时俱进，符合时代主题、联系社会热点、反映现实生活，以此来极大地调动他们的积极性，提升教学成果。并且，针对不同学生开展个性化教学和辅导。每个学生的成长环境、知识水平和思想观念都存在一定差异，因此绝不能采取"一刀切"的方式来教育学生，而要让每个参与混合课堂教学的学生都能有所收获。

（2）MOOC 学习

学生可以随时随地利用各种移动设备或 PC 终端进行 MOOC 课程学习，根据教师提供的教学资源以及教学引导结合自身学习特点自主规划学习节奏，自主观看 MOOC 视频以及自学课程资料，并完成在课程中穿插的小测试。在面授课程开始之前，先引导学生进行自主学习思考，以加深对知识点的理解。

在学习过程中，鼓励学生在 MOOC 平台论坛发帖，将疑难问题提交到平台上进行互动讨论，或借助第三方平台（QQ 群、微信群等）分享与讨论。在此阶段，教师需要抽出时间进行在线辅导，解答疑难或共性问题；还要对学生的在线测评、交流回帖及线上测验进行评价，追踪学习情况。

（3）完成评价讲义

学生按照规定完成课前的学习工作后，应尽快完成研究生助教分发的评价讲义，并根据自身实际情况认真填写。

2.课内活动

在课内活动中，教师活动主要包括：根据教学目标要求，结合评价讲义的整理结果，对学生在 MOOC 学习中遇到的重点和难点进行课堂解析；教师组织学生以小组为单位，有序开展课堂活动，同时组织各小组间进行互动交流，在这个过程中教师进行个性化的指导，聆听并记录学习的难点，观察学生的总体表现，判断教学目标是否实现教学重点。讨论结束后，教师从学习任务完成质量、互动讨论质量等方面进行评价，完成课上教学活动。

线下教学课程共计 115 分钟，为了使教学更具效率，现将线上的课程教学细分为四个阶段。

第一，教师演讲阶段（约 20 分钟）。教师根据评价讲义的统计结果以及线上班级讨论组中学生的反馈，针对学习内容中重难点、易错点着重讲解，可以采用多媒体或黑板板书等形式来呈现教学内容，较容易理解的部分则可以简单带过。如果评价讲义中没有被标记为"较难"或者"非常难"的学习内容，教师需根据教学大纲对本章的重点内容进行重点讲解。

第二，学生活动阶段（约 50 分钟）。线下课堂学习活动的具体形式可以包括课堂讨论、案例分析、主题演讲等活动。①课堂讨论。课程具有知识性与实践性的双重特点，因此教师要引导学生积极思考，发表自己在生活体验中的真实感受，而不是为了讨论而讨论。学生通过这种开放式学习讨论形式，碰撞出思想的火花，训练学生科学的思维方式，提升其信息思考力，同时还能锻炼学生的口头表达能力、搜集资料的能力、统筹分析能力、团队协作能力等。②案例分析。线上课程提供的大多是抽象的学习材料，但在线下实体课堂中，学生可以接触更多的实际案例，让学习变得更为具体。③主题演讲。采取主题演讲的方式，传递学生的个人理解与思路，使教师能够用学生的思考方式来思考问题，很容易发现学生思维方式的缺陷偏颇或者创新之处，针对这些可以更好地进行查漏补缺，纠偏纠错，并会极大地增强课堂的吸引力和感染力。通过主题演讲，学生的沟通能力、表达能力能够有所提高，同时还能以自己的情感抒发影响其他同学。

第三，学生展示学习成果（约 30 分钟）。所有学生活动完成之后，各个组需要对学生活动结果进行总结（可以由组长进行，也可以由非组长的组员进行），内容视具体的学生活动类型而定，可以是对教师提出的问题的针对性讨论结果，也可以是主题演讲的总结性结论，还可以是辩论赛的最后总结陈述等。

第四，教师评价活动成果（约 15 分钟）。在此阶段，教师对学生活动中遇到的重难点或者争议点进行讲解和答疑解惑，对表现活跃、想法创新的小组或者个别组员加以表扬与鼓励，最后指出学生活动中出现的问题，期待下次改进。教师还可以通过另一些形式完成对教学成果的总结，例如进行一些简单的随堂测验或者随堂问答，这样不仅可以测评学生对于知识的掌握程度，更为以后评定学生成绩提供依据。

线上教学活动的开展同样离不开教师的精心策划与组织。首先，教师要促进学生的认真参与，学生在课前的充分准备是课堂学习活动开展的基础；其次，教师要组织周密，任何细节上的疏忽都会对活动的效果产生严重影响，同时教师要为学生提供活动的详细说明，让学生充分了解活动的实施流程与规则，以保证活动的顺利进行；最后教师还要对活动进行总结和评价，为学生提供思考与反思的机会。教师为了让学生积极地参与到课堂中来而做出的所有努力都让整个课堂充满活力与热情，达到了前所未有的学习效果。

3. 课后活动

混合课堂教学的内容承载量有时候难以满足部分学生的需求，对于这一部分的需求也要尽量满足，不能忽略。对于这部分学生，通常通过 MOOC 平台上多层次的实时教学辅导模式进行辅导，包括在线咨询系统、留言板、邮箱、论坛、微博、QQ 群和微信群等与手机的联动，学生可以随时随地进行提问、解答与讨论等。这样的辅导模式，不仅可以解决课堂上遗留的问题，而且将课堂讨论延续至课下，通过在线交谈，进一步增强学生的信息表达能力和思考能力；学生可以更加自由地挖掘信息，提出更多的问题，实现对知识的巩固深化。

（二）教学开展阶段设计

1. 课前导学阶段

在进行教学的过程中，要将各类知识和信息类型进行分类，并填入模块中，模块进行组织，形成教学流程。而模块的内容则根据实际情况，由教师进行各种内容的学习设计。比如，如何让学生在课前去了解基本的知识，这是需要教师设计、学生参与的。

在这整个教学流程的设计中，教师要事先对 SPOC 翻转课堂的学习内容进行设计，并结合进度不断更新。教师要提前查询网络上的各种学习资料，并结合学生实际能力来进行设计，让学生的学习更加积极主动，学生成为学习的主角，而不是被动地接收知识。

2. 课中研学阶段

学生在课前了解各项学习内容，并进行简单认知后，在课堂上就可以就自己认为的要点和难点与教师进行互动，通过深入的讨论让知识点很容易被掌握。在这个过程中，学生的积极性又被激发，不断的思想碰撞，让学生创造性的思维得到提升，激发了学生的学习热情，提高了学习能力。在课堂上，应该先处理问题，对作业中的疑难点进行讲评，总结出知识难点，并将结果进行展示。之后，需要给学生布置新的任务，通过各种实践让学生掌握知识。在这部分，教师也应该进行设计，结合学生情况和知识点内容，让学生真正掌握知识。

这个学习阶段内，教师主导了学生学习的整个过程，教师首先对作业进行评判，发现学生的问题并进行解答，然后总结出难点，设置新的任务，让学生不断实践，在实践中巩固知识，掌握要点。总的来说，这种教学方式可以让基础知识部分加快进行，自学足矣。对于知识中的重点、难点，会不断实践进行训练；针对拓展拔高层次的部分，强调学生开放思维，不断创新。教师可以对课堂时间进行有效安排，合理充分地利用时间来解决重难点问题，不必老是在基础知识上浪费精力。

3. 课后练学阶段

由于授课课程知识点多，仅通过单纯的讲解难以让学生有直观深入的理解，教师可以利用综合大作业的方式来让学生自己组团，利用团队协作解决大作业。在团队合作中，学生可以加深思考，进行一些思维的发散和创新，而且这种互动在学生之间、学生与教师之间都可以开展，能让学生的记忆更加深刻，并通过解决问题而更加贯通和升华。教师如何设计大作业，让学生加强应用和交流，是一个重点。

在课后阶段，主要通过教师设计大作业，学生经过自己的思考和与他人的交流来完成作业，教师主要进行交流和引导，辅助学生更好地完成，并提高学生的思维发散能力，让知识得到巩固和升华。

（三）课程的成绩评定

基于 MOOC+SPOC 的混合课堂教学延伸了学习过程，丰富了学习形式，混合了学习环境，这为课程成绩的评定提供了更为丰富的标准，有助于更加全面地评定学生的学习表现，构建了形成性评价与总结性评价的新型评价方式。形成性评价通过线上学习作业的完成情况、随堂测试的成绩以及互动讨论的活跃程度进行评价，并通过线下课堂表现、小组协作和课堂作业的完成情况等实现对学生线下学习的评价。总结性评价的来源则主要是学校组织的期末测试成绩。具体来讲，在线学习占总成绩的 20%，面授课占总成绩的 40%，期末考试成绩占总成绩的 40%。

与传统课堂的评价方式不同，混合教学评价是一种全程动态评价体系，是在师生相互沟通反馈的基础上进行评价的。在学习前期、中期和后期都会基于一定提问数量、作业完成率和回答问题质量进行具体精细的评价。

第八章 基于IBL及FH的ILT人才教学培养模式改革与创新

北京联合大学是 1985 年经教育部批准建立的北京市属综合性普通高等院校，其前身是依托北京大学、清华大学等 30 多所高校创建的大学分校，是伴随着改革开放，紧紧围绕首都经济建设和社会发展的需要而发展起来的。建校以来，学校始终坚持为北京市的地方社会经济发展培养应用型人才，在长期办学过程中，积淀形成了"办学为民，应用为本"的办学理念。在长期的办学过程中，坚持以"突出应用研究、推动学科发展、坚持科技创新、服务首都建设"为宗旨开展教学研究，并结合本校教学实践开展课题研究，于 21 世纪初就提出了高职教育人才培养模式。

为了更好地体现北京联合大学的办学理念，计算机科学与技术专业在深入研究学校提出的高职人才培养模式的基础上，借鉴国外先进的 IBL（基于行业的学习）教学模式，并结合本校实际情况，经过几年的教学实践与系统建设，初步形成了一套具有应用型特色的人才培养方案。在此基础上，结合国家级课题"高等学校计算机应用型人才培养模式研究"，依据北京地方经济发展对计算机专业应用型人才的需求，北京联合大学"高等学校计算机应用型人才培养模式研究"课题组研究提出了一个计算机科学与技术专业典型人才培养方案，称为基于 IBL 的 ILT（学习训练一体化）人才培养方案。

第一节 基于IBL的教育理念和指导思想

基于 IBL 的 ILT 人才培养方案坚持"产学合作，校企结合"培养本科应用型人才的方针，通过校企双方协商，按照企业对人才的需求规格制订教学方案，建立实习基地。把企业的管理、运作、工作模式直接引进到实习基地的实习活动中，以企业的项目开发驱动学生的实习活动，使学生在大学学习阶段就可以接触到实际的工作环境和氛围，直接参与到实际的项目开发中去。通过工程项目开发训练培养学生的职业能力、职业素质，提高学生的学习兴趣，消除学习和工作之间的鸿沟，有利于应用型人才的培养。在实施 ILT 人才培养方案的过程中，坚持以地方经济对人才需求为导向的原则，并以学生能力培养为重点，设计了 7 周的长周期软件开发综合训练，提高了学生的计算机专业知识综合运用能力、学习新知识的能力、分析问题与解决问题的能力、职业能力和职业素质等；同时基于 IBL 的 ILT 人才培养方案重视学生专业基础理论知识的学习，将专业基础课程纳入教学计划，并进行符合应用型人才培养的课程与教学改革，构建了学习训练一体化、理论实践相融合的计算机科学与技术专业人才培养方案。

一、IBL 教学法介绍

"基于行业的学习"（IBL）是澳大利亚斯威伯尔尼科技大学在工程类学士学位的教学过程中施行的一种新教学方法。学生完成两年学位课程后，在企业带薪工作、学习 24 周或 48 周。在 IBL 教学过程中，学生具有一定的学术能力，在企业中作为雇员，进行针对职业生涯的实践培训，并由企业导师、学术导师、IBL 协调员等对其提供教学服务。企业可以以较低的薪水聘用有技能的、具有工作热情的员工，并培养潜在的未来员工，同时可以提高专业、行业标准，并能广泛地接触大学资源。学生在企业边工作边学习，有报酬，可增强其专业和商务能力，并可熟悉职业环境，在毕业生就业市场上具有竞争力。通常，参加 IBL 的毕业生比其他未接受 IBL 训练的学生的起点工资高、责任心强、实际工作能力强，且完成学位后常回到实习企业工作。IBL 已逐步成为各科技大学的一种主要教育和课程形式。

这种教学方法主要是给学生提供企业工作机会，使学生通过工程项目的学习了解、熟悉职场环境，培养掌握相关理论和技术、能够解决实际问题的人才。这种学习有利于学生规划个人的职业生涯和个人发展计划。

二、IBL 的教学设计思路

学校教师与行业项目工程师共同承担课程开发、学生管理、实习培训等基于行业的教学任务，学生通过参加实际工程项目的训练提高了学习兴趣，消除了学习和工作之间的鸿沟。

IBL 教学法的主要特点如下：IBL 是学位课程的重要组成部分；学生具备相应的学术能力，应修完大学本科的主要课程；学生可以真实体验和熟悉职场环境，同时获得专业和职业能力；学校和行业紧密合作，共同参与教学，共同培养潜在的未来企业员工；促使教师改善教学方法，提高教学技能；充分调动、利用学校和企业的相关资源；增强毕业生的就业竞争力；探索新的教学方法，开创培养应用型人才的新模式。在 IBL 教学过程中，学生、学校和企业三方面紧密合作，使学生得到在企业工作的机会，体会和熟悉工作环境，接受针对职业生涯的实践培训。

三、IBL 与建构主义学习

在我国目前的学校教育中，传统的学科系统性课程体系中的教学活动多采用以教师为中心的教学方法，学生作为受体接受教师传授的知识。传统的学科系统性课程体系难以支撑应用型人才的培养要求。IBL 教学法是以能力为本位，构建以学生为中心、以学为主的课程体系。

建构主义学习理论强调以学生为中心。在建构主义学习环境下，教师和学生的地位、作用与传统教学相比已发生很大变化，在这个过程中，摒弃以教师为中心、强调知识传授、把学生当作知识灌输对象的教学模式。学生由外部刺激的被动接受者和知识的灌输对象转变为信息加工的主体、知识意义的主动建构者。建构主义强调知识是通过学生主动建构意义获得，而不是通过教师向学生传播信息获得。按照学习理论的观点，IBL 应是基于建构主义学习理论的一种教学法。

（一）建构主义强调以学生为中心

在 IBL 教学法中，这一核心理念被深刻体现。它要求教育者彻底转变传统课堂上以教师为主导的模式，转而将学生置于学习的中心地位。这意味着，学生不再是被动接受知识的容器，而是主动探索、建构知识的主体。IBL 通过设计一系列与现实生活紧密相连的工程项目，激发学生的学习兴趣和内在动力，鼓励他们根据自己的兴趣、能力和需求，自主选择学习内容和方法。在这样的学习过程中，学生不仅能够获得知识，更重要的是学会了如何学习，如何自我驱动地去探索未知领域，这对于他们未来的终身学习和职业发展至关重要。此外，以学生为中心的教学还强调了个体差异的重要性，教师需关注每位学生的学习进度和风格，提供个性化的指导和支持，确保每位学生都能在适合自己的节奏下成长。

（二）"情境"对意义建构的重要作用在IBL教学法中得到了充分体现

建构主义认为，知识是在特定情境中建构的，脱离了情境的知识是抽象且难以迁移应用的。因此，IBL通过建立基于真实行业的实习基地，模拟企业的工作环境和管理模式，为学生提供了一个接近真实世界的学习场景。在这样的情境中，学生能够将理论知识与实践操作相结合，对既有知识进行改造与重组，从而更深刻地理解知识的内涵和应用价值。同时，情境学习还有助于培养学生的问题解决能力和创新思维，使他们在面对复杂多变的实际问题时，能够灵活运用所学知识，提出创新性的解决方案。

（三）"协作学习"作为建构主义理论的关键要素在IBL教学法中扮演着至关重要的角色

项目合作不仅是完成任务的一种手段，更是促进学生之间知识共享、思维碰撞和情感交流的重要途径。通过团队合作，学生可以学会如何有效沟通、分工协作、相互支持，这些能力对于他们的个人成长和职业发展都至关重要。此外，协作学习还能增进学生之间的理解和尊重，培养他们的团队精神和集体荣誉感。在IBL项目中，每个学生都是团队不可或缺的一部分，他们的贡献和努力都被看见和认可，这有助于提升学生的自信心和归属感。

（四）建构主义对学习环境设计的重视在IBL教学法中得到了具体实践

一个理想的学习环境应该既能支持学生的自主学习，又能促进师生、生生之间的互动交流。IBL通过结合工程项目训练和工作环境学习，为学生创造了一个既真实又富有挑战性的学习空间。在这里，学生可以在实践中发现问题、解决问题，不断试错和调整，最终实现知识的深度建构。同时，这样的学习环境还鼓励学生走出舒适区，勇于面对挑战，培养他们的适应能力和韧性。

（五）建构主义强调利用各种信息资源来支持学生的学习，而非单纯服务于教师的教学

在IBL教学法中，学生被赋予了更多的自主权，他们需要根据项目的进展和需求，主动寻找并利用各种信息资源，如书籍、网络资源、项目文档等。这一过程不仅锻炼了学生的信息检索、筛选和整合能力，还培养了他们的批判性

思维和自主学习能力。教师则转变为学习资源的引导者和协调者，为学生提供必要的指导和支持，帮助他们有效利用资源，深化学习成果。

（六）建构主义强调学习过程的最终目的是完成意义建构，而不是完成某种既定的教学目标

IBL 教学法以能力为目标进行教学设计，这种能力目标不同于传统的基于学科体系的教学目标。

基于 IBL 的教学法通过工程项目训练培养学生的应用能力、职业素质，提高学生的学习兴趣，缩小学习与工作之间的鸿沟。这是培养应用型人才的一种新模式。这种教学法可以认为是建构主义学习方法的一种具体实现。

第二节　基于IBL的ILT人才培养方案

一、人才培养方案的构建

应用型人才培养模式的研究主要强调以知识为基础，以能力为重点，力求知识能力、素质协调发展。在具体要求上，强调培养学生的综合素质和专业核心能力。在专业设置、课程设置、教学内容、教学环节安排等方面都强调应用性。ILT 应用型人才培养在以能力培养为本的前提下，也要重视基础课程和专业基础课，给学生毕业后的继续教育和个人发展打下良好的基础。ILT 人才培养方案的构建原则如下。

（一）人才培养要体现"宽基础、精专业"的指导思想

"宽"是指能覆盖综合素养所要求的通识性知识和学科专业基础，具有能适应社会和职业需要的多方面的能力；"精"是指对所选择的专业要根据就业需要适当缩窄口径，使专业知识学习能精细精通；专业课程设置特色鲜明，有利于培养一专多能的应用型、复合型人才，符合信息技术发展需要和职业需求。

（二）人才培养方案要统筹规范，兼顾灵活性

人才培养方案统筹规范要有国内外同类专业设置标准或规范做依据，统一课程设置结构。课程按三层体系搭建：学科性理论课程、训练性实践课程和理论与实践一体化课程。灵活性是指根据生源情况和对人才市场的调研与分析，采用分层教学、分类指导的方式，保证能对不同层（级）的学生进行教学和管理。根据职业需求和技术发展灵活设置专业方向和选修课程，在教师的指导下，学生应能在公共选修、自主教育、专业特色模块等课程中选修，包括跨专业选修和辅修，但改选专业需按学校有关规定和比例执行。

（三）适当压缩理论必修、必选课，加强实践环节教学

高职毕业生的实践教学时间原则上不少于 1.5 年，同时，要加大实践环节的学时数和学分比例。实践教学可采用集中实践与按课程分段实践相结合的方式，建立多种形式的实践基地，确保实践教学在人才培养的整个环节中不断线。另外，可以设置自主教育选修学分，培养学生自主学习能力，其中，创新创业实践学分高于 5 学分。

（四）设立长周期的综合训练课程，消除课堂与工作岗位之间的差异

通过 ILT 人才培养方案的构建，在基于 7 周长周期的软件开发综合训练中，将企业直接引进学校的教学过程中来，使学生在大学学习阶段就可以接触到实际的工作环境和氛围，并直接投入到实际的项目开发当中去。通过工程项目训练培养学生的职业能力、职业素质，提高了学生的学习兴趣，消除了学习、实践、工作之间的鸿沟，开创了培养应用型人才的新模式。

（五）实施因材施教的教学方法

在充分论证的基础上，可以设立和组合特殊培养计划，对学生实施资助教育，鼓励学生参加技能培训以获得相应的学分，拓展有专长和潜力学生的发展空间。例如，增设开放（自主）实验项目，鼓励有兴趣、有能力的学生进入实验室，并根据实验项目完成情况给予相应的学分；鼓励学生参加有关的技能培训以及国家、省（市）、国内外知名企业组织的相应证书考试，并给予学分；推出就业实习、挂职锻炼、兼职和校企合作等新的社会实践项目，并根据实践时间和效果给予相应学分；鼓励班里有专长和成绩突出的学生直接参与教师的科研课题。

二、人才培养方案的课程体系

（一）课程设置

ILT 人才培养方案中课程总学分为 179 学分。该人才培养方案按教学层次

设置了学科性理论课程、训练性实践课程、理论与实践一体化课程三层。在总学分中：学科性理论课程 114 学分；训练性实践课程 21 学分；理论与实践一体化课程 39 学分；自主教育 5 学分。课程中实践教学应大于总课时的 50%。

各类课程设置的总体说明如下：学科性理论课程共计 114 学分，分为公共基础类课程和专业、专业基础类课程。其中，公共基础类课程共计 58 学分，涉及思想政治理论类课程（包括马克思主义原理、毛泽东思想概论、中国近现代史纲要、法律基础思修和形势与政策等课程）、高等数学、大学物理类课程、大学体育、大学英语课程、高级语言程序设计和专业导论课程。这些课程与后续专业及专业基础类课程紧密相关。专业、专业基础类课程共计 56 学分，包括计算机科学与技术的专业基础类课程：线性代数、离散数学、数字逻辑技术、电路与系统、专业基础类课程公选课。专业课程包括数据结构、面向对象程序设计、计算机网络、数据库管理与实现、软件工程、操作系统和计算机组成原理等。

训练性实践课程共计 21 周，分为公共基础类课程和专业、专业基础类课程。公共基础类训练性实践课程共计 9 周，包括入门教育、军事技能训练、英语强化、工作实践、计算机基础应用训练、物理实验，这里还包括学生在四年级的毕业教育。专业、专业基础类训练性实践课程总计 12 周，是配合专业、专业基础类理论课程开设的实践课程，包括数据库管理与实现训练、面向对象程序设计训练、软件工程训练、软件测试训练、计算机网络基础应用训练、网络系统规划设计训练、操作系统模拟实现训练、Web 技术训练、算法与数据结构训练、计算机硬件和指令系统基础设计训练、嵌入式系统的应用训练和计算机体系结构的模拟实现训练。这些训练性实践课程的开设旨在让学生更好地学习学科性理论课程。

理论与实践一体化课程共计 39 周，分为公共基础类课程、专业和专业基础类课程、毕业设计。

该部分主要是以综合性课程的形式出现在教学课程体系中的，此类课程不仅要引导学生应用已学过的专业及专业基础知识，还应结合实践的具体课题补充前沿的新知识、新技术。该类课程的上课周数可为 2~7 周，上课学时较为充实。

实践教学课程包括课内课外实验、专项训练、综合训练、自主教育、毕业设计实践等，保证实践教学 4 年不断线。第七学期结合专业特色课和毕业设计要求应安排 7 周的集中实践（实习）环节，这一环节一般应在一学期内持续进行，鼓励以团队形式开展项目驱动方式的实践，有条件的可安排到企业或校企合作基地集中实践。毕业设计开题可提前在第七学期和集中实践环节相衔接，减少就业影响。

学生在校期间应完成5~10学分的自主教育学习。主要为培养和提升学生的职业竞争能力和发展潜力，要充分体现理论与实践一体化课程的特点。

公共基础类理论与实践一体化课程共计5周，包括程序设计综合训练和专业感知与实践。专业、专业基础类理论与实践一体化课程共计18周，包括面向对象与数据库综合性课程、软件开发综合性课程、系统集成综合性课程、信息技术应用（软件测试）综合性课程、计算机工程综合性课程、项目管理综合性课程（注：四门标注的课程，必须选择其中的两门课程）。理论与实践一体化课程均由多门学科理论性课程支持，在实践过程中，教师应指导学生把学习过的各门独立的专业课程知识有效地联系贯穿起来，达到工程训练的目的。例如，软件开发综合性课程不仅包括软件工程、软件测试、面向对象程序设计、数据库管理与实现、数据结构等学科性理论课程的知识，还包括数据库管理与实现训练、面向对象程序设计训练、软件工程训练、软件测试训练、算法与数据结构等训练性实践课程内容，同时在该课程的实施过程中，教师还会根据实际的需要补充新的知识，从而真正实现"学—做—实践"的统一。

自主教育类课程以实践教学为主，包括开放式自主实践类课程、创新创业教育、社会技术培训、校企合作置换课、网络资源课程、科技文化活动。学生可通过选修全校各类课程、各学院开设的课程，以及参加学校认可的学科竞赛、证书认证、科技活动、社团活动等自主教育学习来获取学分。其中，创新教育主要包括学生在教师指导下完成的科技竞赛、研究课题以及企业实际应用开发项目。创业教育是学生在校期间开展校（院）级以上批准立项的创业活动。学生在校期间至少要获得5学分的创新创业教育学分。

公共选修课程为全校和全院性选修课程，包括社会科学、人文科学与艺术、经济与管理、国防建设、体育、英语、计算机技术（凡是在本专业开设的同类课程不得在计算机技术类中选修）、数学、自然科学、物理等方面的理论与实践选修课程；其余选修类课程大多为学院开设的选修课程。此外，还有针对不同基础与需要的学生开设的选修课程。

（二）课程体系结构

我们在开展课题的研究过程中，设计了计算机科学与技术专业培养方案的课程框架。

该框架根据专业特点和应用型人才培养目标，以课程设计为基础，实现了学科性理论课程、训练性实践课程、理论与实践一体化课程的合理组合。通过大幅度增加实践教学比重，强调从事实际工作的综合应用能力培养。在课程框架的基础上，进一步设计了"柱形"结构的专业课程体系结构。

（三）课程实施说明

ILT 培养方案在学习年限、课程组合、课程学习时间安排等方面为学生提供较大的自主选择空间，学生可根据自身特点及毕业志向提前或延期毕业、考研、就业等，在专业导师指导下组合课程，形成个性化学习方案和学习计划。学生在进行必修课程的进程设计和选修课程的选择安排时，要注意课程的先修、后修关系和知识的系统性，可通过适当调整教学运行使系统更科学、合理。尤其要注意设计好自主教育选学模块。

第三节　基于IBL的计算机教学实施环境和条件

在实施 ILT 人才培养方案时，必须具备合理的教学实施环境和条件保障，这包括完善的学科建设基础、产学合作基础、师资队伍基础、教学资源建设与条件、教学管理与服务等。

一、学科建设基础

学科建设是高等学校教学、科研工作的结合点，是提高学校教学、科研能力的关键，是 ILT 人才培养方案实施的重要支撑。学科建设基础主要体现在如下三方面。

（一）在学科建设过程中力求吸收高层次拔尖人才

应用型高职的学科建设要有高层次拔尖人才作为领军人物。作为应用学科的带头人，他们不仅要有坚实的理论基础，还要有工程经验或技术研发能力，以及对应用领域的广泛知识、创新能力和沟通能力。学科带头人的水平和能力决定了该学科的水平和影响力，因此高职的学科带头人要选拔高层次专业拔尖人才。学校在引进人才的过程中，特别是遇到领军人物时，可实施一把手工程，切实解决引进中的问题、困难等。

（二）在学科建设过程中建立完善的科研开发平台

应用型高职的学科是培养应用型人才、科研开发的基本平台。学科建设是建立人才培养和科研开发的基本单元，因此，学科建设中要建立完善的科研开发平台，包括研究所、研究基地或中心、重点实验室等。

（三）学科建设需要团队的齐心协作

一个学科除了要有学科带头人，还要搭建一支学术梯队，形成学术、科研和教学团队，要根据规划不断调整学科队伍，建立合理的学术团队来确立研究方向、建设研究基地以及组织科研工作，改革教学计划，提高教学水平。

二、产学合作基础

开展产学合作是高职院校培养应用型人才的根本途径，是建设应用学科的重要基础，是构建科技创新平台和提升高职自主创新能力的重要保障。通过高职与企业合作办学，可以充分利用两种不同的教育环境减少人才培养和市场需求之间的差距，提升学生的职场竞争能力，真正实现应用型人才培养的目标。近年来，计算机科学与技术专业依托学科领域的研究成果，与相关科研单位和企业结成全面的产学研联盟，发挥和集成各自的优势，为基于 IBL 教学模式的ILT 人才培养方案的构建奠定了良好的基础。

基于 IBL 教学模式的实施使企业和学校真正做到零距离对接。专业教师和企业工程师共同开展综合类课程的建设，设计综合性课程方案。通过与企业合作，得到了企业的资金和技术支持，成功共建"软件开发实践基地"。学生可以参加由企业工程师直接指导的项目实习，通过"学习训练一体化"的教学形式，完成综合项目的开发训练。

为提高人才培养目标与人才市场需求的符合度，实现毕业生到企业员工角色的无缝转换，在教学过程中，学校与企业共同构建教学和实践平台，将企业培训和实习工作提前，使企业与学校教育更加紧密地结合，以满足企业对人才知识、能力和素质的综合要求。

三、师资队伍基础

师资队伍是学科、专业发展和教学工作的核心资源。师资队伍的质量对学科、专业的长期发展和教学质量的提高有直接影响。根据应用型人才培养模式，专业人才的培养要体现知识、能力、素质协调发展的原则。这就要求构建一支整体素质高、结构合理、业务过硬、具有创新精神的师资队伍，以适应应用型人才培养及自身发展的要求。

师资队伍建设应有长远规划和近期目标，有吸引人才、培养人才、稳定人才的良性机制，以学科建设和课程建设推动师资队伍建设，以提高教学质量和科研水平为中心，以改善教师知识、能力、素质结构为原则，通过科学规划制定激励措施，促进师资队伍整体水平的提高。

（一）专业师资队伍的数量与结构

专业师资队伍应保证年龄结构合理，学历与职称结构合理，发展趋势良好，符合专业目标定位要求，适合学科、专业长远发展的需要和教学需求。生师比应该控制在 16 ∶ 1 范围内。

（二）对教师队伍的知识、能力、工作经历的要求

专业教师应具备较高的专业学历，如博士、专业硕士等，较丰富的行业企业工作经历，如 3 年以上的行业企业工作经历，高职的教学工作经历等，这样的教师可称为具有高职教育专业素质的教师。因此，高职教育对专业教师的基本要求如下。

第一，在知识结构上，教师不仅要有较深的本学科理论知识，还要有较多的实践相关知识，如仪器设备知识、实验或实验材料知识。从教学环节上看，教师在理论课课堂上要向学生系统地教授知识，因而对教师的理论水平和本学科系列、先进的知识结构要求较高。

第二，在能力结构上，教师不但要具有基本教学能力，还要有较高的实际操作能力、观察能力和研究能力，要掌握培养应用能力的教学方法。此外，在充分发挥这些教师作用的基础上，还应通过培训等多种渠道提升教师的专业实践水平和科研能力，以满足产学研的需求。

第三，从工作经历上，由于高职教学强调培养学生的综合应用能力和实践能力，因此要求教师在具备专业知识和基本技能的基础上，还要具备相关职业工作背景或培训经历，如参与过企业工程项目开发、有企业工作经历或经验等。教师要跟踪技术的发展变化，在教学中及时引进新技术，努力将教学贴近生产、生活服务实际。

四、教学资源建设与条件

教学资源包括教学实践环境、教材建设、图书资源等。良好、完备、先进的实验条件和满足专业培养目标需要的校内外实习基地、符合应用型人才培养目标的高水平教材、丰富充足的图书资料是高职专业教学的基本保障。

（一）教学实践环境建设

教学实践环境包括实验室和校内外实习基地。教学实践环境的建设既要符合专业基础实践的需要，又要考虑专业技术发展趋势的需要。计算机科学与技术专业要有设备先进的实验室、软件开发工程实训室、微机原理与接口技术实验室、计算机网络系统集成实训室、通信网络技术实验室、数字化创新技术实验室和院企合作软件开发实践基地等。这些实验室和实践基地为 ILT 人才培养方案的实施提供了良好的教学实践环境。

（二）教材建设

教材是知识的重要载体，是学生获取知识的主要途径，是教师教学的基本工具。教材质量的优劣直接影响教学和人才培养的质量。因此，教材建设是教学改革的重要内容之一。

教材建设要结合实际，正确把握教学内容和课程体系的改革方向，教材建设应密切配合学校学科、专业及办学定位进行。因此，教材的建设与选用应紧紧围绕应用型人才的培养目标，应鼓励具有高职教育专业素质的教师结合一线教学和企业工作经验编写满足 ILT 人才培养方案需求、符合专业发展需要、具有自身特色的专业教材。

（三）图书资源建设

在图书资源管理方面，校图书馆应从资源和服务两个方面实现对计算机科学与技术专业教学科研的保障作用。一是加强图书、期刊、电子资源以及各类数据库的建设。文献收藏以本校各专业所涉及学科的基础理论文献、教学参考文献、科学研究参考文献等为重点，形成具有特色的、多学科、多层次、多载体形式的馆藏文献体系和数据库体系。二是在保持传统服务的基础上，充分利用现代化技术开展以网络文献服务为中心的信息服务，开发网上资源，形成以网上文献报道、网上信息导航、网上咨询服务等为主要内容的网上信息服务平台。

五、教学管理与服务

学校教学管理应具备制度化、规范化和网络化等特点，应建立一套完善的教学管理机制以适应教学需求，建立适应应用型高职特点的教学管理与服务体系。

（一）完善的教学管理

学校可以建立多级教学管理层次，如学术委员会、专业负责人、课程群负责人、教研室主任。通过各级职务人员的协同工作加强教学管理和质量监控，共同完成专业教学任务。

学术委员会主要负责教学管理相关文件的审定，包括对一些重大教学事故的处理；科研发展规划的制订和实施；审议、推荐校级、纵向项目科研课题；评估教师科研人员的科研成果。专业负责人负责审定专业教学计划，并进行教学监控和检查。课程群负责人负责所辖的一组课程的建设、专业课程内容的制订以及专业课程之间衔接，其中包括制订教学进度、设计教学大纲实施方案、监督课堂教学和实践的实施、审核命题及阅卷评分标准。教研室主任负责教学实施和检查课程教学进度，开展教学研究和教学改革。任课教师根据所承担的教学任务参加相应教研室的教研活动。

（二）完备的规章制度

学校应该按照教学建设、实践教学、教学研究与改革、质量评估、学生学籍分类进行管理，制定和完善各项管理规定、规范、实施细则和工作流程等，让规章制度文件成为一切工作的指导纲领。

教学建设包括人才培养计划管理、课程建设与管理、教材建设与管理、全校性基础课程教学写作组管理等；实践教学包括实验室建设专项管理、学科竞赛、实践教学改革等；教学研究包括专业建设与管理、教研项目管理制度、教学成果奖励制度等；质量评估包括教学检查、质量评测、教学事故认定管理、督导队伍管理、评优管理；学生学籍管理包括成绩管理制度、学籍处理制度、学生证管理、毕业自审管理、电子注册、学籍异动学生教学安排和往届生返校进修管理等。

第四节　典型课程教学改革案例

一、案例1：软件开发综合训练课程教学改革案例

（一）课程特色

在 ILT 人才培养方案中，软件开发综合训练课程是开设的专业必修课，是一门 7 周的理论与实践一体化集中训练课程。课程设置的目的是为学生提供前期所学知识的应用平台，使学生了解当前流行的软件开发方法与技术，提升学生的综合职业素质和综合应用能力。

软件开发综合训练是以程序设计等课程的基础能力为起点，以软件开发过程为主线，融入最新软件开发技术的综合性课程。在综合性课程中，将企业的管理、运作和工作等模式直接引入课程的教学实践活动中，贯彻基于 IBL 教学模式的 ILT 人才培养方案，以项目开发驱动学生的实践活动。学生将以项目小组的形式组成开发团队，承接真实或仿真课题，并按项目管理方式接受各阶段检查，最终提交项目成果。教师将根据项目的进展适时提供相关新技术的知识讲座。

通过本实践课程的训练，培养与锻炼学生软件开发的能力、获取新知识的能力、团队合作能力、沟通表达能力，从而为毕业设计的完成提供基本支撑，为学生的就业奠定基本的专业技能。

（二）课程教学大纲

课程名称：软件开发综合训练。课程类型：理论与实践一体化课程。学时学分：120 学时（7 周）/7 学分。先修课程：高级语言程序设计、面向对象程序设计、数据库管理与实现、软件工程。适用专业：计算机科学与技术。开课部门：信息学院计算机系。

1.课程的地位、目的和任务

软件开发综合训练课程是计算机科学与技术专业学生第 5 学期的专业必修

课。该课程将为加强学生专业核心应用能力的培养，实现"学以致用"提供强有力的保障。

由于传统的教学与毕业后的职业需求差距过大，学生在学校学习期间仍然沿袭的是从小学到中学养成的学习习惯和方法，即从课堂、书本到作业，再到考试的模式。学生对企业所需的职业能力、职业素质等几乎没有任何概念。结果导致学生对走向职业岗位后需要具备哪些知识和能力，以及如何去具备这些知识和能力的认识基本是空白。

软件开发综合训练课程的教学目标就是提升学生综合职业素质和综合应用能力，为学生从学校环境到工作环境的转变提供从思想到知识、技能等多方面的准备，使学生在毕业后能够很快适应企业的工作状态，更好地在IT行业发展。

2. 本课程与相关课程的联系与分工

在开设本综合性课程之前应先修高级语言程序设计、面向对象程序设计、数据库管理与实现、软件工程与技术等课程，并具备编写简单程序的能力、数据库的基本应用能力和软件工程的基本知识。本课程的主要后续课程是毕业设计。

3. 课程内容与要求

（1）基本内容

指导学生在选定的软件开发平台，完成软件项目开发的各个实践环节，并通过穿插的技术讲座使学生了解当前流行的开发方法与技术。

软件项目应选择有应用背景的实际工程项目。供选择的参考题目包括"科研项目管理系统""企业差旅管理系统""论文在线系统""教学管理系统""企业内部医疗报销与药品管理系统"。

（2）基本要求

本课程为综合性课程，在此之前，学生已修完大类专业基础课、专业主修课和大部分专业特色必修及选修课。在实践过程中，应指导学生把学习过的各门独立课程的知识有效地联系贯穿起来，达到综合运用的目的。

软件开发综合训练课程应由有行业经验的专业教师负责组织课程，并为学生创建一个模拟的岗位工作情景。

软件开发综合训练课程中要开展技术讲座，引导学生在原有知识技能的基础上拓展出新的知识技能，体现理论与实践一体化课程的特点。

4. 教学方法与考核方式

（1）教学方法

教师首先要给出一个明确的任务描述、设计要求，学生将以小组为单位组成开发团队，组内成员有明确的分工。

在开发过程中，每个学生团队有独立进行项目规划的机会，每个学生可以自行组织、安排自己的学习行为。教师在开发过程中充当顾问和主持人角色，指导学生团队学习新技术并应用于项目开发中，穿插进行相关的技术讲座，引导项目小组进行组内研讨、组间交流和评比，监督学生遵循行业规范进行设计开发，注重培养学生的职业素质。

项目开发过程中，各项目组要参加公开的开题答辩、数据库设计介绍、用户界面原型设计展示、有关面向对象设计方案介绍、项目难点及特色介绍。项目开发结束，每个团队提交成果展示和相关文档，教师进行全面验收。

（2）考核方式

本课程采用过程性评价与总结性评价相结合的方法评定成绩。过程性评价是针对每次组间交流各位同学的表现给出平时成绩，此项成绩与团队的集体准备情况密切相关，从而可以激发学生互帮互学的积极性。总结性评价则针对最终完成的程序、设计报告、总结。评价的对象首先是项目小组，考核方式是现场成果展示及技术特色陈述；其次还要针对项目小组每个成员所承担的任务进行现场口试，主要考查学生掌握技能知识的情况。每个学生的最终成绩由个人的过程性评价成绩（40%）、小组综合评价成绩（40%）、个人口试成绩（20%）综合确定。

（三）课程实施与改革

为配合实践ILT人才培养方案，软件开发综合训练课程在实施方案中进行了多方位的改革。

1. 课程的改革

软件开发综合训练是以实际应用为目的而设计的理论与实践一体化课程，因此项目开发平台应选取当前的主流平台。学生每3~4人组成一个开发小组，分工合作，完成在相应平台上软件项目开发的全过程。

训练中尽可能地模拟实际项目开发环境，将企业的管理、运作和工作等模式直接引入课程的教学实践活动中。教师、学生都要适应角色的转换：教师兼有组织者、IT 公司负责人、技术顾问和用户的多重身份，负责项目的管理、技术指导和项目验收；学生则以 IT 职业者的身份承担项目的开发工作。

在开发过程中，注重引导学生通过多种渠道解决技术难点，从而使学生感受到一定的职场压力，进而培养学生独立获取新知识、解决具体问题的能力。开发小组应集体进行项目规划，组员要有具体的分工和紧密的合作，鼓励团队集体攻关，并建立各阶段的组间交流制度予以保障，培养团队合作精神。

2. 课程实施过程

课程分为分组选题、项目开发、项目验收三个阶段。

（1）分组选题阶段

教师作为组织者首先给出有实际应用背景的、供选择的开发题目。学生根据个人的意愿选择相应的开发题目，并以小组为单位组成开发团队，选出项目组长。

（2）项目开发阶段

教师的任务如下：

作为组织者，教师要引导项目小组进行组内研讨、组间交流和评比，促进学生之间的沟通和互动。

作为 IT 公司负责人，教师要随时检查项目的进展情况，监督学生遵循行业规范进行设计开发，注重培养学生的职业素质。作为技术顾问，教师要负责指导学生团队学习新技术并应用于项目开发中，并穿插进行相关的技术讲座。作为用户，教师要与项目小组深入讨论项目需求，适时提出修改意见。

学生的任务如下：

以小组为单位进行项目分析并制订开发进度计划，编写系统规格说明书。以小组为单位进行项目功能、数据库及实施方案的设计，并针对主要功能开发原型编写系统设计报告。每个学生必须独立完成项目组中的一个或多个业务模块，包括模块的设计、UID、编码、测试。各项目组要派代表参加公开的开题答辩、数据库设计介绍、用户界面原型设计展示、有关面向对象设计方案介绍、测试计划、项目难点及特色介绍等组间交流。代表由组内人员轮流出任。

（3）项目验收阶段

项目开发结束，每个团队要进行成果展示，并提交相关开发文档。每个学生应提交个人总结。教师将对各项目组的成果进行全面验收，并针对各组员承担的具体任务进行质疑。

3. 进度安排

以 NET 开发平台为例，其主要训练单元内容、学时分配和应具备的教学条件见表 8-1。

表8-1 基于NET开发平台的软件开发综合训练课程学时分配[1]

训练单元	学时分配		教学条件
	实验	讲授	
布置任务要求、确定分组选题		2	多媒体教学环境
分组讨论方案、准备开题报告	4		Windows XP/Office软件
各组开题阐述方案、分工	4		Visual Studio.NET
组内开发技术准备、功能细化设计	6		Visual Studio.NET
C#组件设计讲座——简单组件的操作与使用		2	多媒体教学环境
组内界面原型设计	4		Visual Studio.NET
界面所用控件功能使用	4		Visual Studio.NET
各组原型设计展示	4		多媒体教学环境
ADO.NET讲座创建、连接数据库		2	多媒体教学环境
C#组件设计讲座——Windows窗体现行组件的应用		2	多媒体教学环境
组内数据库概要设计	4		Visual Studio.NET
组内数据库物理设计	4		Visual Studio.NET
各组数据库设计展示	4		Visual Studio.NET
C#组件设计讲座——多窗体信息交互及自有控件的应用		2	多媒体教学环境
ADO.NET讲座——连接环境下的数据读取		2	多媒体教学环境
类设计	8		Visual Studio.NET
类对象设计及编码	6		Visual Studio.NET
ADO.NET讲座——使用dataset进行数据访问		2	多媒体教学环境
ADO.NET讲座——数据的更新		2	多媒体教学环境
组间类设计交流	4		多媒体教学环境
按分工编码	10		Visual Studio.NET
各组汇报进展符合情况	4		Visual Studio.NET
ASP.NET讲座——创建并识别应用程序			
项目文件		2	多媒体教学环境
ASP.NET讲座——Web应用程序中内置对象的应用		4	多媒体教学环境
按分工编码、调试	4		Visual Studio.NET
组内联调	4		Visual Studio.NET
设计测试方案	4		Visual Studio.NET
测试方案汇报		4	多媒体教学环境
测试修改程序	4		Visual Studio.NET
组内汇总实习报告	4		Windows XP/Office软件
验收检查		4	Visual Studio.NET
合计	90	30	

1.韩利华,苏燕,阮莹,等.高校计算机教学模式构建与改革创新[M].长春:吉林大学出版社,2018.

二、案例 2：网络系统规划设计训练课程教学改革案例

（一）课程特色

在 ILT 人才培养方案中，网络系统规划设计训练课程是第七学期开设的专业必修课，是一门集中训练课程。课程设置的目的是使学生在网络维护与系统集成理论课程学习的基础上重点学习工程和实现方法。

网络系统规划设计训练是以网络系统集成开发过程为主线，融入最新网络开发技术的集中性训练课程。培养锻炼学生的网络设计与集成的能力、获取新知识的能力、团队合作能力、沟通表达能力，为毕业设计的完成提供基本支撑，以及为就业奠定基本的专业技能。

（二）课程教学大纲

课程名称：网络系统规划设计训练。课程类型：集中训练课程。学时学分：24 学时 /1 学分。先修课程：计算机网络、计算机网络基础应用，如训练、操作系统、计算机组成原理。适用专业：计算机科学与技术。开课部门：信息学院通信系。

1. 课程的地位、目的和任务

随着计算机技术和通信技术的迅速发展及相互渗透，计算机网络已进入社会的每一个领域，且推动着社会的信息化步伐。社会的每一个领域都正在大力实施基于计算机网络的信息化改革，为满足社会对计算机网络人才的需求，开设了本训练课程。

通过本课程的实践，学生能够综合应用前续课程所学习的知识和技术去解决一定规模的网络系统的规划和设计，并加以实施和验证，从而获得对实际网络系统的分析、设计、实现的能力。

通过本训练，可以在以下几个方面提高学生的专业能力。

（1）调研和确定网络需求的步骤、方法和内容。

（2）根据网络技术进行目标系统分析和设计，描绘网络结构、网络功能、网络技术等方面的选取和应用，包括流量分析、逻辑网络设计、物理网络设计等。

（3）实施网络系统的能力，包括线缆制作、系统安装调试。

2. 本课程与相关课程的联系与分工

本课程的先修课程包括计算机网络、计算机网络基础应用训练。

计算机网络课程中与本课程主要相关的知识点包括计算机网络的基本原理和概念、通信基础、广域网接入基础等网络的基本知识。

计算机网络基础应用训练课程中与本课程主要相关的知识点包括网络协议实际应用、以太网工程、数据通信系统的分析与设计、网络设计。

3. 课程内容与要求

（1）基本内容

利用已经学到的知识和技术设计一个中小型企业网络。

（2）基本要求

某大学拥有学生 15000 人，地处北京，并在上海、广州、南京、昆明、武汉办有教学点，提供本专科、研究生、成人或在职教育和培训。该校北京校区拥有 5 栋教学建筑，70 余个大小不等的多媒体机房以及教室、办公室、宿舍等，各个外地教学点也拥有数量不等的相应设施。3 年前已建成一定规模的北京校区的校园网，现想升级网络，覆盖所有校区，同时建立一个完整的教务 / 教学管理系统、财务管理系统等。另外，北京校区拥有一个藏书超过 300 万册的图书馆，现想建立一个面向所有教学点、所有学生的电子图书阅览系统。

要求为该大学设计网络系统，主要任务如下。

网络规划方面：规划和实现一个企业网，包括建立企业（校园）内部网、公共网段、企业（校园）外部网。

具体需求：

①企业（校园）网外部网边界通过路由器连接其他企业（校园）网络。

②路由器与公共网段连接。

③公共网段中安放服务器，包括 VPN、NAT、DNS、Web E-mail、WWW、FTP、DHCP 等。

④企业（校园）内部网含有主机。

⑤保证这样相似的两个企业（校园）网络之间的内部主机能够相互访问对方的网络服务。

任务要求：

①进行用户需求调研，包括用户业务和网络功能需求、用户地理分布、用户现有系统等，编写需求说明书。

②进行网络系统流量分析，确定数据业务特点和流量分布，确定网段和主干系统的带宽要求，勾画网络具体建设目标，编写流量规范说明书。

③根据现有网络技术进行逻辑设计，包括网络分层结构、局域网设计、广域网设计、IP 地址规划、网络性能设计、网络安全设计，编写逻辑设计说明书。

④进行网络物理设计，编写综合布线系统设计说明书。

⑤实施部分系统内容，并进行调试。

网络服务配置方面：

① WWW 服务要使用 https 加密方式访问，即支持 SSL 协议。

② FTP 服务和 WWW 服务安装在同一服务器上，利用 FTP 对 WWW 内容进行更新。

③ NAT 服务的作用是让内部主机访问外部其他企业的网络资源，如 WWW、E-mail。

④利用 DNS 完成名字到 IP 地址的转换，从而为 Web E-mail 服务提供域名访问服务，如 XXX@buu.com.cn。

⑤ VPN 服务可以让外部企业用户能用加密方式安全地接入本企业内部网，与内部主机之间进行通信。

⑥配置 DHCP 服务器，该服务器负责为企业主机动态分配 IP 地址。

4. 学时分配及教学条件

网络系统规划设计训练课程的教学单元、学时分配和应具备的教学条件见表 8-2。

表8-2　网络系统规划设计训练课程学时分配

训练内容	学时分配		教学条件
	讲课	训练	
用户需要调研	1		模拟用户
网络系统流量分析		1	分析和计算
进行逻辑设计	0.5	1	网络资料
进行网络物理设计	0.5	2	网络资料
部分系统实施调试	1	6	Windows2000和交换机、路由器、网关
NAT、VPN配置		4	Windows2003Server
Web（安全站点）的配置和设计	0.5	2	Windows2003Server
E-mail配置和设计		1	Windows2003Server
DNS和DHCP的配置		1	Windows2003Server
FTP的配置		1	Windows2003Server
防火墙的设置	0.5	1	
合计	4	20	
总计	24		

5. 教学方法与考核方式

训练前的准备工作尤为重要，只有准备充分才能厘清设计的目的、要求，列出步骤，最终能够成功地完成设计内容。

教学学时：24学时（1周）；考核方式：预习报告、调研总结报告、现场考核和质疑。成绩的计算方法如下：①日常成绩。考勤、质疑、预习报告和每次完成内容的总结等占20%，20分。主要考查学生日常的准备和总结，应注重对学生自主能力的考核。②设计完成成绩（完成情况等）。完成基本功能，占60%，60分。③设计报告成绩。综合报告规格符合要求，占20%，20分。成绩评定：总评成绩＝日常成绩＋每次内容完成成绩＋设计报告成绩。说明：第一，每次设计答辩的要求是语言表述清晰、理论正确、思维敏捷、逻辑性强。第二，成绩评定时，要注意考查学生的综合素质。

6. 仪器设备

（1）分组要求：每组4人，总组数根据人数而定。

（2）网络环境硬件：应包括能够正常工作的TCPAP网络环境、集线器、交换机、路由器、网络电缆线、网络测试仪等。

（3）对计算机硬件的要求如下。

每个学生1台计算机，其硬件要求如下。

① CPU：Pemium200以上。

②内存：64MB。

③硬盘：至少要具备600MB硬盘剩余空间。

④软件环境：Windows2000Server。

⑤网络接口卡：两块。

（4）对计算机软件环境的要求至少应包括Windows2000、Visio开发工具、设备模拟器等。

（三）课程实施与改革

为配合实践ILT人才培养方案，网络系统规划设计训练课程在实施方案中，结合企业实际工程项目实施了以下几方面的教学改革。

1.课程的改革

（1）网络系统规划设计训练课程以培养实际网络工程设计为目的，将计算机网络、计算机网络基础应用训练等相关课程内容融合在一起，要求3~4人组成一个开发小组，分工合作，完成项目的开发。

（2）网络系统规划设计训练课程模拟实际网络工程设计要求，学生成为实际工程项目的组织者、设计者、开发者，教师主要负责工程设计项目的管理、技术指导、项目测试和验收。

（3）在学生完成实际网络工程项目开发中，不仅要使用基本组网知识，还需要引入最新的网络组建技术。同时，要将信息管理系统融合到实际网络工程项目中。

（4）学生以小组为单位进行分工合作。在项目验收时，以小组为单位进行答辩，其他小组进行现场提问和评分。通过小组的合作可以培养学生的团队合作精神及对外交流能力。

2.课程实施过程

（1）实施方案及阶段划分

本训练课程分为分组选题、实验验证、技术演示和提交报告四个阶段。分组完成后，各小组就进入了训练验证阶段。在本阶段，小组成员共同设计和完成题目方向的各项相关功能、服务等的实验和验证工作。

分组选题阶段：本训练课程要求学生组成规模为4人的设计小组，共同完成训练内容。学生分组遵循自愿原则，但具体分组规模由指导教师依实验室具体情况酌情安排。分组工作在一练第一日完成并填写分组登记表，分组表上交后分组情况不得变更。

学生分组后，要在充分的调研和资料收集工作的基础上确定题目。题目情况应于训练第三日填写训练题目登记表，题目登记表上交后题目情况不得变更。

实验验证阶段：本训练要求以小组为单位对网络连通性、服务器和客户机的设置、网络应用服务、资源访问等方面进行验证和检测。

技术演示阶段：技术报告会安排在第五日进行，以小组为单位进行。具体要求如下。

①人员：每小组选举1人作为代表。

②题目：自拟，要求与训练题目和内容相关。

③形式：PPT文档。

④时间：15分钟。

⑤顺序：抽签决定。

⑥成绩评定：教师评定 + 小组互评。

（2）训练实施的具体要求

关于分组：按自愿原则结成实验小组，每组2人（具体实施方案由指导教师根据实验室环境确定），每组选1名组长；以组为单位填写分组登记表，小组成员确认后，不得再进行更改；小组成员要相互协作，共同完成课程设计项目，组长要负责必要的协调和管理工作。

文档的提交：整个课程设计过程要完成并提交的文档有分组登记表、选题登记表、训练报告和PPT组内自评成绩单。

实验的过程控制：过程控制包括实验室操作流程和过程控制的要求。按时出勤，遵守实验室的相关规定；具体实验进度由组长自行安排。

评分标准和检查方法：本次训练设置训练报告、报告演示和组内自评成绩三方面的检查，训练报告和组内自评成绩以文档的形式提交。报告演示阶段包括小组成员做技术报告；由相关任课教师对小组成员就演示程序提问，并由小组成员作答；由任课教师和其余小组共同给出小组成绩和个人成绩。成绩的评定包括文档的评定、报告演示的评定和组内自评，分别占总成绩的60%、20%和20%。

文档成绩的评定中，文档格式、篇幅、装订等占 40%；文档的内容（理论观点的正确性，论述的逻辑性、完整性等）占 50%；文档的深度占 10%。报告演示评定中，题目的难度或创新性占 20%；完整性占 10%；实用性占 20%；逻辑性占 20%；PPT 的制作占 20%；团队协作占 10%。

第五节　基于FH的模块化教育理念和指导思想

德国应用科技大学（以下简称 FH）以高级应用型人才为培养目标，是德国工程师的摇篮。作为一种国际公认的应用型人才培养模式的成功范例，FH 应用型人才培养的经验对我国探索高职教育规律，构建高职教育培养模式具有重要的参考价值与借鉴意义。

合肥大学是安徽省重点建设的高职院校之一。1984 年，安徽省人民政府与德国下萨克森州政府签署协议，把合肥学院（合肥大学更名前名称）的应用型人才培养确定为中德省州文化交流合作共建项目。40 多年来，合肥大学坚持"地方性、应用型、国际化"的办学定位，通过与多所德国 FH 的深入交流与合作，探索出了一条符合实际的应用型高职发展之路。

合肥大学计算机科学与技术专业在引入三段式人才培养模式、构建模块化教学体系、设计围绕工程项目的梯度式实践教学体系、增加认知实习学期等方面进行了大胆改革并取得多项教研成果。本人才培养方案通过集成以上教研成果，同时参照专业规范、本科培养方案原则指导意见和总体框架，结合地方经济发展对计算机专业应用型人才的需求特点制订。

借鉴德国应用科技大学先进的办学经验，按照"以 IT 企业需求为导向，以实际工程为背景，以工程技术为主线，以工程能力培养为中心，以学生成长为目标"的工程教育理念，强调以知识为基础，以能力为重点，知识、能力、素质协调发展，着力学生的工程意识和工程素质，锻炼和培养学生的工程实践能力（岗位技能与实务经验）、沟通与合作能力（理解、表达、团队合作）及创新能力（理论应用）。

充分利用合肥大学多年来与多所德国应用科技大学进行全面合作并开展专业共建的优势，在人才培养模式改革、增加认知实习的 9 学期制、过程考核、模块化教学体系构建、校企合作及模块互换学分互认等方面，通过构建以专业能力为导向的模块化教学体系、围绕工程项目开展实践教学、编制适应模块化教学需要的特色系列教材、深化中德专业教育合作、建立多元化的师资队伍、加强校企产学研合作以及完善质量监控与保障体系等途径，培养企业真正需要的、具有创新意识和国际化视野的高级工程应用型人才。

FH人才培养模式计算机专业课程结构是以模块化形式来构建的，从传统的以知识输入为导向的课程体系构建转变为以知识输出为导向的模块化教学体系构建，从传统的按学科知识体系构建专业课程体系，转变为按专业能力体系构建专业模块体系。在专业方向、课程设置、教学内容、教学方法等方面都应以知识应用为重点，根据素质教育和专业教育并重的原则，课程体系的设置将以"低年级实行通识教育和学科基础教育培养学生素养，高年级实行有特色的专业教育提升学生的专业能力、实践能力和创新精神"为主要准则，构建理论教学平台、实践教学平台和创新教育平台。

第六节　基于FH的计算机教学人才培养方案

一、人才培养方案的特色

作为一所以"地方性、应用型、国际化"为办学定位的地方高职，在人才培养目标、生源和师资力量方面与传统的综合性重点大学有着显著差异，必须主动适应地方经济发展对具有创新能力的应用型人才的需求，充分发挥自身的优势和特点，在特色中求发展。本人才培养方案的特色主要包括如下内容。

立足于"服务地方，辐射全国"，按照"重基础，精方向，强工程，高素质"的原则，培养适应地方经济发展需要的高级应用型人才。

重视理工融合渗透，强调理论与应用实际结合，以"实际、实用、实践"为原则设置教学内容。理论教学具有鲜明的实践导向，基础理论以应用为目的，以"必需和够用"为度，强调科学知识和方法如何运用于实际生产和其他领域。

构建"1+1+1"三段式人才培养方案。前1年"重基础"，即重点完成对学生专业基础知识和基本技能的培养；中间的1年"精方向"，即使学生能在特定的专业方向进行深入学习；最后的1年"强工程"，即在前两个阶段的基础上通过项目实训模块、企业实训模块和毕业设计模块等工程实践环节，强化学生从事工程实践所需的专业技术能力。同时坚持专业能力培养不断线的原则，将工程项目教学法贯穿整个教学环节，提高学生的学习兴趣，增强学生的工程实践能力。

借鉴德国 FH 应用型人才培养的成功经验，从以知识为本位到以能力为导向构建模块化教学体系，实现从"专业课"到功能性的单元"模块"的转化，将传统的按学科知识体系构建专业课程体系转变为按专业能力体系构建专业模块体系，更好地满足应用型人才培养的需要。

引入认知实习环节，认知实习使学生学习和实践企业的管理运作、业务流程及项目开发流程，了解企业对员工知识结构、技术技能、团队合作的要求，体验企业文化氛围，以便能对自己未来从事的职业有更进一步的感性认识，对自己的职业生涯做出有针对性的规划。

二、人才培养方案的构建原则

（一）社会需求导向性原则

要以社会和经济需求为导向，充分考虑地方经济的特点，清楚了解本地大多数企业的需求，并对企业需求进行分析归纳与整合，而后确定人才培养的具体规格，构建与之相应的教学体系，使培养的学生在校期间能掌握本地企业所需的知识和技能。

（二）校企结合原则

学校和企业双方共同参与人才培养，在制订人才培养方案时让企业广泛参与，在人才培养过程中与企业展开紧密合作，共同承担学生的校外实践和实训教学工作，并对学生的成绩共同进行考核。同时，通过与企业建立广泛的产学研合作关系，跟踪新技术并带动科研创新，实现师资的双向交流，推动适应高职教育的师资队伍建设。

（三）以学为中心的建构主义原则

改变传统的以教师为中心的"提示型教学"为以学生为中心的"自主型教学"，尽可能地以学生的兴趣作为组织教学的起始点，创造机会让学生接触新的题目和问题，使学生在学习的过程中通过发现问题和找到解决问题的方案，培养实际应用能力。

遵循学生的学习活动是一个"建构—重构—解构"的循环过程的规律，教学活动的重点在于营造一个适宜的环境，把专业知识转化为便于学生建构的可能形式，使学生对所获得的认知结构进行持续性的建构和重构。

（四）理论性和实践性紧密结合原则

现代科学技术一体化的发展趋势，要求教学与科研、开发和生产相结合，在重视基础理论教学的同时，要加强实践教学内容和教学环节，将实践教学明确放在计算机人才培养的重要位置上，学习与借鉴德国应用科技大学的实践教学模式，并将实践教学组织成一个比较完整的实践教学体系，以体现理论性和实践性紧密结合的学科特征。

（五）人才培养保障和评价体系合理性和简明性原则

人才培养保障体系包括硬件保障、软件保障和师资保障等方面，必须全面规划、统筹考虑。遵循合理性原则：人才培养保障体系标准要依据教和学的客观规律，包括教育规律和心理规律。遵循简明性原则：人才培养保障体系标准要明确、扼要，使师生易于掌握，便于执行。

高职人才培养的根本目的是为经济社会发展输送合格人才，高职人才培养质量的评价标准实际上就是评价学校培养出来的学生是否能达到专业培养目标规定的要求，是否能满足经济社会发展的需要。高职人才培养主要是通过教学活动来实现的，所以对人才培养的评价实际上就是对教学质量的评价，教学质量评价设计原则、指标体系构建、相应的实施方法等都应具有较强的科学性、技术性、实用性和可操作性等。

三、模块化课程体系

（一）以专业能力为导向，构建模块化课程体系

FH采用按能力为导向的模块化课程体系，一项能力可由一个或若干个模块的知识和应用来描述，而一个模块可能对应传统课程的一门课程或若干门课程融合优化后构成的一门课程或几门课程。模块的传授者应对模块的能力目标加以限定。模块描述的是围绕特定主题或内容的教学活动的组合，即一个模块是一个内容上和时间上自成一体的教学单位，它可以由不同的教学活动组合而

成，可以对其进行定性（内容）和定量（学分）描述，它还能够被评判（通过考试）。一个模块是一个专业中最小的教学构成单位，专业中的每一个模块都具有特定的功能。各单个模块均可以跟其他模块进行组合，这样就可以实现整体组合的多样性，即不同专业方向可通过不同模块的组合来实现。模块化课程体系可以按等级划分为宏观、中观和微观模块。宏观模块由本专业所有模块构成，中观模块由学期所有模块构成，微观模块是最小教学单元模块，微观模块以其培养的技能满足中观和宏观模块要求达到的总体综合能力的要求。在模块中使用"学习负担"描述一个学生在学习上的时间花费，是计算学分的依据，1 学分 =30 小时的学习负担（含教师课堂面授和学生课后自学），本科约需完成 240 学分，每学期约完成 30 个学分。

针对人才培养目标，通过学习和借鉴德国的模块化教学成功经验，本专业模块化课程体系构建思路如下：通过对计算机专业相关岗位群的调查与分析，确定学生应该具备的专业能力，再将抽象的专业能力具体化为能力要素，针对每个能力要素确定其对应的知识点，对能力要素进行优化组合形成能力单元，然后对各个能力单元及其对应知识单元（知识点的组合）进行封装形成"模块"，通过若干个相关模块的有机搭配构成本专业人才培养所需的模块化课程体系，从而将传统的按学科知识体系构建专业课程体系，转变为按专业能力体系构建专业模块体系。

基于以上的模块化课程体系构建思路，构建嵌入式系统、软件工程和网络工程 3 个方向的模块化课程体系。在模块化课程体系中，一项专业能力可由一个或若干个模块的知识和应用来描述。一个模块是围绕学生能力涉及的知识的有机组合，针对特定的能力单元设置，面向能力培养重构模块的教学内容，对传统课程体系的教学内容进行拆散、糅合、优化。如将原有的操作系统原理、嵌入式 Linux 等课程进行整合，设置"嵌入式操作系统"模块，重点培养嵌入式操作系统的应用与开发能力。模块既包含理论知识讲授，又有工程实践训练。专业模块设计采用典型的真实工程项目，对相应能力进行培养。模块具有可重组性和教学内容的非重复性，对应能力的培养环节连贯、递进，可适应不同类型计算机人才的培养需要。

为了确保专业模块的教学内容能反映专业发展需求，应成立专业建设委员会，通过跟踪企事业单位对人才的知识与能力需求，每年对模块教学内容进行更新，使得模块的教学内容能够反映专业发展现状，适应专业不断变化的需要。

指定专门模块负责人，负责具体模块教学内容的设计，并组织协调该模块的教学。教材建设应紧密结合人才培养目标和新的模块化课程体系，统筹规划，自编与选用相结合，分阶段、分层次构建完善的教材体系。及时吸收国际先进教材的经验并不断创新，编著满足需要的系列配套教材。

（二）围绕工程项目，设计梯度式实践教学体系

为培养实践能力强的高级高职人才，克服传统实践教学中知识面窄、学生综合能力弱、科技开发意识训练不足等问题，借鉴德国成功的应用型人才培养经验，围绕具体的工程项目，采用分层次、分模块的指导思想，构建梯度式的实践教学体系。在梯度式的实践教学体系中，每层次包含若干个教学模块，每个模块有明确的培养任务和教学目标，通过有目的地选择与组合，逐步进阶，培养学生的工程设计能力、项目实现能力及创新能力。

1. 基础实践层

该层面向计算机基本技能实践需求，针对低年级学生的知识背景，注重学生计算机基本知识的普及和计算机基本技能的训练，使学生掌握一定的操作技能和实践知识，引导学生在学习过程中发现问题和提出问题。

2. 专业实践层

该层主要面向计算机各本科专业基础性实践能力需求，重点是针对专业基础技能展开实践训练，进一步培养学生发现问题、提出问题的能力，进而为解决问题积累基本方法和基本技能，培养学生养成科学、规范的研究习惯与方法。

3. 综合实践层

该层主要面向计算机本科专业的知识综合应用的实践需求，本层次通过专业实验、应用设计等综合实践环节，注重培养学生分析问题、解决问题的能力。让学生体会自身知识、能力如何在科学研究和工程实践中得到应用与发挥，达到学以致用的目的。

4. 创新实践层

该层主要面向全系学生在计算机应用技术方面的科技开发课题和科技活动，通过参与教师科研项目、企业实际项目和大学生科技竞赛等实践活动增强学生的工程意识，培养学生的系统分析和设计能力。

在实践教学中引入典型工程项目（如一个软件系统、一个项目案例、一个机器人等），工程项目不仅可以满足一个模块、一个层次的能力培养，还可以

横跨多个模块、多个层次的教学内容。通过精心设计的典型工程项目把原本分散的知识点和能力要素串接起来，建立循序渐进、螺旋上升的梯度式实践教学体系。

（三）借鉴 FH 应用型人才培养经验，引入第五学期认知实习

实践学期是 FH 教学活动中最具特色的部分，目的在于通过实践学期加深学生对工作岗位的了解，培养学生运用科学知识与方法解决实际问题的能力。学生必须独立与企业建立联系，寻找实习岗位。学生与实习单位要签订实践学期合同，明确双方的职责、任务及一些有关事项。实习岗位和实习合同都必须得到学校的认可，以保证实习质量。确定了实习岗位后，学校会把总的实习计划寄到实习企业去，让他们了解实习要求，在企业中有经验的工程师负责指导实习生，学校也分配一名指导教授。实践学期结束时，实习企业要出具实习证明，实习生则必须递交实习报告并答辩。

第五学期是借鉴德国应用科技大学的一种实践教学环节。在第四学期结束后安排一个认知实习学期，将八学期改为九学期。认知实习是一种"面向专业、基于问题"的学习，学生在未完全掌握本专业知识的情况下，参与到具体实践中去，使学生在实践中发现知识和能力方面的缺陷和不足，然后带着问题再来学习，从而有效地提高他们在校期间的学习兴趣和动力。

认知实习的目的就在于认知专业、职业、社会和自我，让学生学习和实践IT 企业规范化、专业化、标准化的管理运作、业务流程及项目开发流程，体验企业对员工知识结构、技术技能、团队合作的要求，体验企业的文化氛围。

四、计算机科学与技术专业人才培养方案

（一）培养目标与专业定位

本专业的培养目标是借鉴 FH 应用型人才的培养模式，培养德、智、体、美全面发展，具有良好的科学素养和工程实践能力，系统地掌握计算机硬件、软件与应用的基本理论和方法，可从事计算机应用系统开发、设计和集成工作，具有"基础扎实、口径适中、注重实践、强调应用"特点的高级工程应用型人才。

（二）专业能力要求和素质要求

（1）掌握计算机科学与技术的基本理论、基本技能与方法；了解与计算

机有关的法规；了解计算机科学与技术的发展动态。

（2）掌握计算机应用系统的分析和设计的基本方法。具有较强的工程意识，能够解决本专业工程实施过程中出现的技术问题，具备对工具与技巧进行选择与应用的能力；具有计算机应用项目开发的基本能力，并能撰写相应的项目文档；具备一定分析和评价问题的能力，并能理解和认识专业质量问题。

（3）具有良好的道德品质、职业素养、身心素质、文化素质、专业业务素质和一定的美学修养。

（4）掌握文献检索、资料查询的基本方法，具有较强的获取信息的能力，并且初步掌握一门外语，能够比较熟练地阅读本专业的外文书刊。

（三）教学体系结构

教学包括工程 Web 应用系统项目实训模块、Web 应用系统开发模块、软件编译技术模块、软件质量保证项目实训模块、软件测试与质量保证模块、软件分析与设计模块、数据库原理与应用模块、面向对象编程实训模块等。

第七节　基于FH的基础建设与实施环境

一、学科建设基础

（1）学术梯队。重点在于培养一支在年龄、职称、学历结构上合理，具有创新精神，充满干劲与热情，团结合作的学术队伍。在组建科研队伍时，应坚持老中青相结合的原则，并选拔高水平的学科带头人，从而打造合理和相对稳定的学科梯队。

（2）科学研究。科技创新的实现在于知识创新和技术创新。科学研究不仅可以加强教学的深度、拓展教学的广度，而且可以更新教师的知识结构，完善教师的知识体系，提高教师的综合素质。科研工作实施包括课题的选择、实验基地的建设、文献资料等信息的占有以及学科建设管理、自由学术气氛的营造等软硬两方面的建设。走产学研结合之路，将科研成果转化为生产力，促进科技和社会发展是培养工程应用型人才的关键。

二、产学合作基础

从高职院校培养的应用型人才的特点来看，产学合作是必由之路。应用型人才的核心竞争力，其实就是生产第一线最需要、最有用的能力，而这种能力的培养必须同生产紧密结合才能有效。高职院校大多比较年轻，无论从硬件角度还是软件角度来看，都无法与一些老牌院校尤其是重点高职相比。因此，高职院校要想在高职中占有一席之地，必须具备自己的特色，即应该坚持走产学结合之路。

德国的工业在国际上享有良好的信誉，德国现代高等教育以其严格而著称，这就形成了该国高职产学合作模式的特有内涵。企业会根据市场需求向自己选择的合作高职提出"一篮子"合作项目，由学校进行研究开发，并随同企业人员一道完成整个项目的研制，并由双方共同将产品推向市场。整个合作资金由企业全部提供，学校在企业的协管下全权使用。一方面，学校获得了资源，释放了知识的生产力价值，更好地熟悉了市场，并据此进行学科与专业的调整和设置；另一方面，企业也因此拥有了市场和利润。

高职院校应深刻地认识到产学合作是培养应用型人才的重要途径，在人才培养思路上，紧紧围绕高等教育目标和地方经济发展对人才培养的要求，以就业为导向，以服务社会、产业需求为中心，将培养具有开拓精神和创新能力的应用型人才作为根本任务。不断更新实践教学内容，加大实践教学课程在整个课程体系中的比重，把最新的实践成果、方法和手段纳入实践教学体系中，积极鼓励学生参与创业活动和教师的课题研究，强化学生将抽象理论转化为实际工作的能力，从而提高他们的创新精神和实践能力。在人才培养实践的基础上，逐渐形成一些行之有效的产学合作的做法，具体可表现为以下几种形式。

（1）人才培养方案的合作：通过详细调查和了解社会对本专业人才知识、能力和素质的需求，邀请企业专家参与人才培养方案的制订和完善。

（2）校外实习合作：与企业签订校外实习基地协议，作为本专业学生进行专业认识和实践的场所。

（3）实验室建设的合作：与企业合作联合申报和建立重点实验室，企业也可为专业实验室的建设提供软硬件产品和技术支持，为教学和科研提供实验条件。

（4）学术交流：聘请企业一线专家和技术人员就专业技术领域问题给教师和学生做学术报告，并定期进行技术交流。

（5）专业培训：企业定期就专业技术领域为学生提供实习和培训的机会。

（6）项目合作：鼓励专业教师参与企业项目的研究和开发，提高教师的实践开发能力，培养和建设双师型师资队伍。

（7）毕业设计和毕业实习：选送学生到企业进行毕业设计、毕业实习和认知实习，参与企业实际项目的开发，以提高学生的动手能力，缩小与就业单位所需能力之间的差距。对于毕业设计、毕业实习表现优秀的学生，企业还可优先录用。

三、师资队伍基础

（一）师资队伍标准

FH 方案要求教师满足我国《中华人民共和国高等教育法》有关规定，并具备以下条件：高职毕业，并具有从事计算机专业学科的工作能力（通过学历/学位/职称加以证明）；具有教学能力（通过高职教师资格认证）；在本专业科学知识和方法的应用或开发方面具有 3~5 年的工程实践经验。

（二）师资队伍建设

建设一支素质优良、结构优化、富有活力、具有应用能力和创新精神的高水平师资队伍是一项任重而道远的系统工程。借鉴德国 FH"双师型"师资队伍的建设经验，加强高职院校师资队伍建设的具体措施如下。

（1）采取柔性引进或智力引进的方式，从社会产业部门中聘任有专长、实践经验丰富的专家学者和工程技术人员作为兼职教授或兼职讲师。兼职教授/讲师以兼职授课或讲座、报告会等形式成为师资的组成部分，把工程实例、工程意识、工程文化和工程精神带到校园和课堂，并与专业教师深层次合作，结合理论模块进行相关实训。

（2）加强教师工程实践能力的锻炼。选派青年教师深入本地优秀 IT 企业进行学习和工作，获取工程技术经验，构建"双师型"师资队伍保障系统。教师每 3 年必须有 6 个月到企业挂职，以了解企业发展的最新状况。

（3）改善教师的知识结构。有计划地安排教师进行在职学习、在岗进修、脱产进修，到国内外高职做访问学者，以提高教学和科研能力。

四、教学资源与条件

教学资源与硬件环境是保证教学工作正常运行的物质条件，如实验室、实习实训基地、教材建设等。

（一）实验室

在实验教学条件方面，计算机科学与技术专业一般应设有软件实验室、组成原理实验室、微机原理与接口技术实验室、嵌入式系统实验室、网络工程实验室、网络协议分析实验室、高性能网络实验室、单片机实验室、系统维护实验室和创新实验室。

软件实验室主要进行程序设计、管理信息系统开发、数据库应用、网页设计、多媒体技术应用、计算机辅助教学等知识的设计实验。在本实验室中可以设计建设网站，锻炼将复杂的问题抽象化、模型化的能力；熟练地进行程序设计，开发计算机应用系统和 CAI 软件，能够适应实际的开发环境与设计方法，掌握软件开发的先进思想和软件开发方法的未来发展方向；掌握数据库、网络和多媒体技术的基本技能。

组成原理实验室用于开设组成原理等课程的实验性教学，通过实验教学培养学生观察和研究计算机各大部件基本电路组成的能力，加深专业理论和实际电路的联系，使学生掌握必要的实验技能，具备分析和设计简单整机电路的能力。

微机原理与接口技术实验室用于开设微机原理与接口技术等课程的实验性教学。微机原理与接口技术课程设计作为微机原理与接口技术课程的后续实践教学环节，旨在通过学生完成一个基于多功能实验台，满足特定的功能要求的微机系统的设计，使学生将课堂教学的理论知识与实际应用相联系，掌握电路原理图的设计、电路分析、汇编软件编程、排错调试等计算机系统设计的基本技能。

嵌入式系统实验室用于开设嵌入式系统等课程的实验性教学。通过实验教学使学生了解 32 位嵌入式处理器 ARM 总体结构、存储器组织、系统控制模块和 I/O 外围控制模块，掌握 ARM9 开发调试的方法、使用 ADS 开发环境开发程序的方法以及在嵌入式 Linux 操作系统中的程序开发方法等。

网络工程实验室通过网络实验课程的实践，使学生了解网络协议体系、网络互联技术、组网工程、网络性能评估、网络管理等相关知识，能够灵活使用各类仪器设备组建各类网络并实现互联；能够实现由局域网到广域网到无线网的多类型网络整体结构的构架和研究，具有网络规划设计、组建网络、网络运行管理和性能分析、网络工程设计及维护等能力。

（二）实习实训基地

实验、训练和实习是工科学生教育必不可少的环节，计算机专业重视实习、实训基地的建设，强调动手能力的培养。通过加强与企业合作，促进实习基地建设；通过聘请企业工程师为学生做相关知识讲座，组织学生参观、参与企业项目研发，使学生及时了解专业发展动态。在实习基地建设的同时，将基地建设推向大型企业单位，并相应延长实习期，从而以实习促就业，以就业带动新的实习基地建设。

（三）教学环境

应用型人才的培养应具备良好的应用教学环境，除一般的教学基础设施外，还应具有将计算机硬件、网络设备、操作系统、工具软件以及为开发设置的应用软件集成为一体的应用教学及实验平台，为学生搭建一个校企结合的实训平台，以缩短学校和社会的距离。建立健全课堂教学与课外活动相渗透的综合机制，即坚持课堂教学与课外活动的相互补充、教学管理机构与学生管理机构之间的协调合作、教师与学生之间的经常性互动与交流。将提高学习兴趣、拓宽知识视野、增强实践能力和培育理论思维能力紧密地结合起来，为培养综合性复合型人才创建优良的教学环境。

（四）教材建设

教学改革的基础是教材。教材建设的基本原则是紧密结合专业人才培养标准和新的模块化教学体系，统筹规划，选用与自编相结合，分阶段、分层次构建完善的教材体系。及时吸收国内外先进教材的经验并不断创新，编著满足模块化需要的系列配套教材。

五、教学管理与服务

通过树立服务意识，促进教学管理从被动管理转向主动管理，建立一套完善的教学管理和服务机制，确保专业教学管理的规范化和程序化，为教学改革提供支持。

成立由学校、政府部门、企业的专家和领导组成的"专业指导委员会"，全面统筹本专业建设。以产业需求为导向，形成提高企业参与度的有效机制，吸纳产业界专家参与人才培养方案的研究和制订，构建满足地区企业需要，又符合专业培养规律的人才培养方案。在教学的过程中，根据本地区产业发展的实际状况，每年会同企业对人才培养方案进行审核和修订。

建立模块化教学体系质量保障系统，应从模块规划、模块实施和模块评价三个方面制定相应的制度来保证模块的质量。通过跟踪企业对人才的知识与能力需求，每年对模块教学内容进行更新，同时，指定专门模块负责人负责具体模块教学内容的设计，并组织协调该模块的教学，使得模块的教学内容能够反映专业发展现状、适应企业不断变化的需要。

成立专业教学督导组，对专业教学实行督导、评估。专业教学督导组的常规工作包括：每位督导员每学期至少完成 16 次随堂听课任务，并针对教师教学中存在的问题给出指导和建议，做到督、导结合；抽检每学期考试试卷、毕业论文和其他教学过程材料，并给出客观评价，督促及时整改；每学期召开 2~3 次教学座谈会，对教学内容、教学方法、教材使用等进行全面交流，并对存在的问题提出改进意见和建议。

推行过程考核制度，全面考核学生的知识、能力和综合素质，改变课程结束时"一考定成绩"的做法。针对理论教学环节，除期末考试外，增加笔记、考勤、随堂测验、小论文、读书笔记等多种考核项目；对于实践（训）教学环节，增加预习、过程表现、实践（训）报告等过程考核项目。

构建信息化的教学和管理平台，实现信息采集、处理、传输、显示的网络化、实时化和智能化，加速信息的流通，提升教学和管理水平。同时引入网络实验系统、虚拟实验系统与数字化教学应用系统，提高教学设备与资源的利用率。

第九章 计算机教学中人工智能技术的运用

第一节 人工智能技术在计算机网络教育中的应用

一、人工智能技术的简介

人工智能是近几年来才被人们所熟知与认识的，它主要是应用在人工模拟操控以及实现人的智能扩展和延伸上，属于一项综合性的技术，综合了相关的智能技术以及操控技术。人工智能的应用主要是以计算机为载体来实现的，从根本上讲是讲求高应用技能的计算机。

人工智能在应用时凭借的是人工技术，近几年来，伴随着科技的不断进步以及电子产品（如手机、电脑等）的不断更新，人工智能也拥有了更多的应用实现的基础。我国现代的人工智能研究主要包括三个领域，分别是智能化的接口设计、智能化的数据搜索、智能化的主题系统研究。

科技改变人类生活，人工智能作为计算机科学的一种，是对于人类思维的研究、开发，并利用计算机对人类思维进行模仿、延伸和扩展的计算机上所实现的智能的学科。而关于人工智能的研究是涉及多个领域的，不仅包括对机器人、语言识别和图像识别的研究，还对自然语言处理和专家系统等方面进行了深入的探析。所以人工智能可以说是一门企图了解智能实质，进而生产制造出一种崭新的能够同人类智能一样做出反应的智能机器的研究。自人工智能技术诞生以来，关于人工智能的理论和技术被不断地完善和改进，而人工智能在应用的领域上也在不断扩张，假以时日，未来人工智能下生产的科技产品作为人类智慧的模仿，将会更好地服务于大众。

二、人工智能的主要特点

当前，计算机实行智能化应用主要是通过模仿人类大脑的智能化来实现的，未来的人工智能技术是具有超强发展潜力的新领域，对人们的生产以及生活都会产生很大影响，对信息技术的整体发展也会产生深远影响。而且人工智能给人类带来的影响是潜移默化的，它在不知不觉中改变着人类的生活方式以及工作学习的方式，让我们的生活变得更加便利，提供了多元化的科学选择。

智能技术包括人类智能和计算机智能，两者是相辅相成的。通过运用人工智能可以将人类智能转化为机器智能，反之，机器智能可以通过计算机辅助等智能教学转化为人类智能。

（一）人工智能技术的特点

第一，人工智能具有强大的搜索功能。搜索功能是指采用一定的搜索程序对海量知识进行快速检索，最后找到答案。

第二，人工智能具有知识表示能力。所谓知识表示，是指对人类智能中知识的表达和梳理，而人工智能相对来说也具有此类特征，它可以表示一些不精确的模糊的知识。

第三，人工智能还具有语音识别功能和抽象功能。语音识别能处理不精确的信息；抽象功能是区别重要性程度的功能设置，可以借助抽象能力，将问题中的重要特征与其他的非重要特征区分开来，使处理变得更有效率、更灵活。对于用户来说，只需要叙述问题，而问题的具体解决方案就留给智能程序。

（二）智能多媒体技术的特点

1. 人机对话更具灵活性

传统多媒体欠缺人机对话，致使教学生硬枯燥，无法达到很好的效果，而智能多媒体允许学生用自然语言与计算机进行人机对话，并且还能根据学生的不同特点对学生的问题做出不同的问答。

2. 更具教育实践性

由于学生的素质不同，在学习上的知识面不同，而且学习主动性也会各有差别，人工智能必须能够根据每个学生的学习基础、水平和个人能力，为每个学生安排制定符合个人的学习内容和学习目标，对学生进行个别针对性指导。

3. 具备更强的创造性和纠正能力

创造性是人工智能的一个明显的特征，而纠错能力也是它的一个表现方面。

4. 具备教师的特点

主要是指在教学时能很好地对学生的学习行为以及教师的行为进行智能评判，使学生和教师能找到自己的不足，有利于学生和教师各自在学习方面得到提高。

三、智能计算机辅助教学系统

（一）人工智能多媒体系统

1. 知识库

智能多媒体不再是教师用来将纸质定量教学资源进行电子化转换的工具，它应该拥有自己的知识库，知识库总的教学内容是根据教师和学生的具体情况进行有选择的设计的。另外，知识库应该做到资源的共享，并且要实时更新，这样才能实现知识库的功能。

2. 学生板块

智能教学的一个特征是要及时掌握学生的动态信息，根据学生的不同发展情况进行智能判定，从而进行个别性指导以及建议，使教学更加具有针对性。

3. 教学和教学控制板块

这个板块的设计主要是为了教学的整体性，它关注的是教学方法的问题。具备领域知识、教学策略和人机对话方面的知识是前提，根据之前的学生模型来分析学生的特点和其学习状况，通过智能系统的各种手段对知识和针对性教育措施进行有效搜索。

4. 用户接口模块

这是目前智能系统不能避免的一个板块，整个智能系统依然要靠人机交流完成程序的操作，在这里用户依靠用户接口将教学内容传送到机器上完成教学。

（二）人工智能多媒体教学的发展

1. 不断与网络结合

网络飞速发展，智能多媒体也与网络不断紧密结合，并向多维度的网络空间发展。网络具有海量知识、信息更新速度快等各种优点，与网络的结合是智能教学的发展方向。

2. 智能代理技术的应用

教学是不断朝学生与机器指导的学习模式发展，教师的部分指导功能被机器逐渐取代，如智能导航系统等。

3. 不断开发新的系统软件

系统软件的特征是更新速度快，旧的系统满足不了不断发展的网络要求，不断开发新的软件才能更好地帮助学生解决问题，从而有利于学生的学习和教师的教学。教学智能化是教学现代化的发展主流，智能教学系统要充分运用自身的智能功能，着重表现高科技手段的巨大作用，进一步推动智能教学系统的发展。

四、计算机辅助教学的现状

计算机技术应用于教学称为计算机辅助教学（CAI）。CAI 相对于传统教学来说是教学方式上的重大变革。但是，随着教学的不断发展，传统的计算机多媒体教学模式也逐渐落后于时代发展的要求，其不足性主要体现在以下四个方面。

（一）交互能力差

现有的计算机辅助教学模式比较单调枯燥，在实际的教学活动中，计算机的应用主要是作为新颖的教材或科技黑板，教师大多会采用已经刻制好的光盘，将教材内容通过电脑屏幕显示出来，课程流程也是刻板的，计算机此时的作用仅仅是一个电子黑板。所以，在实际的课堂上，教师也只是按预定流程操作，学生依然停留在传统的听课模式上。无论是教师还是学生，都没有和计算机实现很好的互动。

（二）缺乏智能性

在教学中，由于学生的学习水平和掌握知识的程度各有不同，学生学习的主动性也因人而异，因而需要计算机辅助教学的智能性来自动提供学生学习的信息，让他们有选择性地学习。教师的教学只有积极地参与到学习中去才能取得更好的教学效果，通过计算机提供智能服务、因材施教才能最大限度地搞好教学。基于教学的效果，十分有必要去提高多媒体教学的智能性。

（三）缺乏广泛性

这是计算机辅助教学的最初固有缺陷，在设计之初它就是基于某一领域知识的整体设计，通过对教学内容、问题答案的设计等，来呈现原设计系统允许范围之内的知识内容，而无法根据学生和教师的实际情况来安排适合不同学生的教学内容，无法根据学生的认知特点以及最优学习效果来指导学生。

（四）缺乏开放性

开放性不足是目前多媒体教学中的严重问题。固定内容的教学方式适应范围较为狭窄；课堂的计划与安排僵化，缺乏自主能动性；教学资源固定、无法更新使得教学内容无法变化，不能针对学生特点选择内容；教学资源的交流落后，无法与外界进行有效的交流，从而阻碍了教学质量的提高。

五、人工智能技术在计算机网络教学中的应用

（一）智能决策支持系统

智能决策支持系统是 DSS 与 AI 相结合的产物。IDSS 系统的基本构件为数据库、模型库、方法库、知识库等，它可以根据人们的需求为人们提供需要的信息与数据，还可以建立或者修改决策系统，并在科学合理的比较基础上进行判断，为决策者提供正确的决策依据。

（二）智能教学专家系统

智能教学专家系统是人工智能技术在计算机网络教学中的应用拓展。它的实现主要是利用计算机对专家教授的教学思维进行模拟，这种模拟具有准确性与高效性，可以实现因材施教，达到教学效果的最佳化，真正实现教学的个性化。同时，还在一定程度上减少了教学的经费支出，节约了教学实施所需要的成本。因此，在计算机网络教学中应当充分利用智能教学专家系统带来的优势，降低教育成本，提高教育质量。

（三）智能导学系统

智能导学系统是在人工智能技术的支持下出现的一种拓展技术，它维持了优良的教学环境，可以保障学习者对各种资源进行调用，保障学习的高效率，减轻学生沉重的学习负担。它还具有一定的前瞻性和针对性，能够对学生的问题以及练习进行科学合理的规划，并且可以帮助学生巩固知识，督促学生不断提高。

（四）智能仿真技术

智能仿真技术具有灵活性，应用界面十分友好，能够替代仿真专家进行实验设计和教学课件设计，这样能够大大降低教学成本，也可以节省课程开发以及课件设计的时间，缩短课程开发所需要的时间。在未来的计算机网络教学中应当大力发展智能仿真技术，充分利用智能仿真技术带来的机遇，也要对信息进行强有力的辨识，避免虚假信息带来的干扰。

（五）智能硬件网络

智能硬件网络的智能化主要表现在两个方面，首先是操作的智能化，主要包括对网络系统运行的智能化，以及维护和管理的智能化。其次是服务的智能化，服务的智能化主要体现在网络对用户提供多样化的信息处理上。因此，将智能硬件技术应用在计算机网络教学中是提高教学效率的必要选择。

（六）智能网络组卷系统

智能组卷系统的最大优点就是成本低、效率高、保密性强。因此，它可以根据给的组卷进行试题的生成，对学生进行学分管理，突破了传统的考试模式，节省了教师评卷的时间，是提高学生学习主动性以及积极性的有效措施。

（七）智能信息检索系统

智能信息检索系统主要是帮助学生查找所需要的数据资源，它的智能化系统能够根据使用者平时的搜索记录确定学生的兴趣，并且根据学生的兴趣主动在网络上进行数据搜集。搜索引擎是导航系统的重要组成部分，具有极大的主动性，并且可以根据用户的差异性提出不同的导航建议，是使用户准确地获取信息资源的强大保障。从客观层面上来看，将智能信息检索系统应用到计算机网络教学中也是打造智能引擎、提高搜索效率的必要措施。

人工智能技术在计算机网络教学中的应用至今仍然不成熟，存在很多问题，为了适应时代的发展需要，科学有效地将人工智能技术应用到计算机网络教学中，必须进行不断的探索与创新，切实满足学生的需要，还要科学合理地把先进的科学技术与计算机网络教学结合起来，真正实现计算机网络教学的个性化与高效化，为提高教学效率、促进教学形式的多样化做出贡献。

第二节　人工智能时代的计算机程序设计教学

高性能计算与大数据的高速发展为机器学习尤其是深度学习提供了强大的引擎。2006 年取得突破以来，深度学习一直长驱直入，在图像分类与语音识别领域取得了骄人的成绩，在图像识别上甚至超过了人眼识别的准确率。尤其是2016 年 Google 研发的机器人 AlphaGo 击败世界围棋冠军李世石，使人工智能在经历了两次寒冬之后再次复苏，并以极其强劲的态势进入大众的视野。事实上，人工智能正在全面进入人类生产和生活的方方面面，成为继互联网之后第四次工业革命的推动力量。人类正在进入人工智能时代，人工智能正成为这个时代的基础设施。人脸识别、自动驾驶、聊天机器人、工业和家居机器人、股票推荐……人工智能的产业应用遍地开花。显而易见，无论对计算机专业还是其他专业的大学生，了解人工智能，甚至学习开发人工智能应用都是有必要的。

一、人工智能时代的计算机程序设计背景

人工智能，是研究、开发用于模拟、延伸和扩展人的智能的理论、方法、技术及应用系统的一门新的技术科学。人工智能是计算机科学的一个分支，该领域的研究包括机器人、语音识别、图像识别、自然语言处理和专家系统等。当前人工智能的快速发展主要依赖两大要素：机器学习与大数据。也就是说，在大数据上开展机器学习是实现人工智能的主要方法。而计算机程序设计可视为算法＋数据结构。通过简单地将机器学习映射到算法、将大数据映射到数据结构，我们可以理解人工智能与计算机程序设计之间存在一定程度上的对应关系。人工智能离不开计算机程序设计，要弄清人工智能时代对计算机程序设计的新需求，需要首先对机器学习和大数据有一定的认识。

机器学习是一门研究计算机怎样模拟或实现人类的学习行为以获取新的知

识或技能的多领域交叉学科，涉及概率论、统计学、逼近论、凸分析、算法复杂度理论等多门学科。机器学习是人工智能的核心，包括很多方法，如线性模型、决策树、神经网络、支持向量机、贝叶斯分类器、集成学习、聚类、度量学习、稀疏学习、概率图模型和强化学习等。其中，大部分方法都属于数据驱动，都是通过学习获得数据不同抽象层次的表达，以利于更好地理解和分析数据、挖掘数据隐藏的结构和关系。

深度学习是机器学习的一个分支，由神经网络发展而来，一般特指学习高层数的网络结构。深度学习也包括各种不同的模型，如深度信念网络、自编码器、卷积神经网络、循环神经网络等。深度学习是目前主流的机器学习方法，在图像分类与识别、语音识别等领域都比其他方法表现优异。

作为机器学习的原料，大数据的"大"通常体现在三个方面，即数据量、数据到达的速度和数据类别。数据量大既可以体现为数据的维度高，也可以体现为数据的个数多。对于数据高速到达的情况，需要对应的算法或系统能够有效处理。而非结构化、多模态等不同类别特点也给大数据的处理方法带来了挑战。可见，大数据不同于海量数据。在大数据上开展机器学习，可以挖掘出隐藏的有价值的数据关联关系。

对于机器学习中涉及的大量具有一定通用性的算法，需要机器学习专业人士将其封装为软件包，以供各应用领域的研发人员直接调用或在其基础上进行扩展。大数据之上的机器学习意味着很大的计算量。以深度学习为例，需要训练的深度神经网络，其层次可以达到上千层，节点间的联结权值可以达到上亿个。为了提高训练和测试的效率，使机器学习能够应用于实际场景中，高性能、并行、分布式计算系统是必然的选择，可以采用软件平台，如 Hadoop Map Reduce 或 Spark；或者采用硬件平台，如 GPU（图形处理器）或 FPGA（即现场可编程门阵列）。

二、人工智能时代的计算机程序设计语言

人工智能时代的编程自然以人工智能研究和开发人工智能应用为主要目的。很多编程语言都可以用于人工智能开发，很难明确规定人工智能必须使用哪一种语言。然而，并不是所有编程语言都能够为开发人员节省时间及精力。Python 由于简单易用，是人工智能领域中使用最广泛的编程语言之一，它可以

无缝地与数据结构和其他常用的 AI 算法一起使用。Python 之所以适合 AI 项目，其实也是基于 Python 的很多有用的库都可以在 AI 中使用。一位 Python 程序员给出了学习 Python 的 7 个理由：（1）Python 易于学习。作为脚本语言，Python 语言语法简单、接近自然语言，因此可读性好，尤其适合作为计算机程序设计的入门语言。（2）Python 能够用于快速 Web 应用开发。（3）Python 驱动创业公司成功。支持从创意到实现的快速迭代。（4）Python 程序员可获得高薪。高薪反映了市场需求。（5）Python 助力网络安全。Python 支持快速实验。（6）Python 是 AI 和机器学习的未来。Python 提供了数值计算引擎（如 Numpy 和 Scipy）和机器学习功能库（如 Scikit-learns Keras 和 TensorFlow），可以很方便地支持机器学习和数据分析。（7）不做只会一招半式的"码农"，多会一门语言，机会更多。

Java 也是 AI 项目一个很好的选择。它是一种面向对象的编程语言，专注于提供 AI 项目上所需的所有高级功能，它是可移植的，并且提供了内置的垃圾回收。另外，Java 社区可以帮助开发人员随时随地查询和解决遇到的问题。LISP 因其出色的原型设计能力和对符号表达式的支持在 AI 领域占据一席之地。LISP 是专为人工智能符号处理设计的语言，也是第一个声明式系内的函数式程序设计语言。Prolog 与 LISP 在可用性方面旗鼓相当，Prolog 是一种逻辑编程语言，主要是对一些基本机制进行编程，对于 AI 编程十分有效，如它提供模式匹配、自动回溯和基于树的数据结构化机制。结合这些机制可以为 AI 项目提供一个灵活的框架。C++ 是速度最快的面向对象编程语言，这对于 AI 项目是非常有用的，如搜索引擎可以广泛使用 C++。

其实为 AI 项目选择编程语言，很大程度上都取决于 AI 子领域。在这些编程语言中，Python 因为适用于大多数 AI 子领域，所以逐渐成为 AI 编程语言的首选。Lisp 和 Prolog 因其独特的功能，在部分 AI 项目中卓有成效，地位暂时难以撼动。而 Java 和 C++ 的自身优势也将在 AI 项目中继续保持。

三、人工智能时代的计算机程序设计教学

人工智能时代的计算机程序设计教学在高职应该如何开展呢？下面给出一些初步的思考，供大家讨论并批评指正。

（一）入门语言

入门语言应该容易学习，可以轻松上手，既能传递计算机程序设计的基本思想，也能培养学生对编程的兴趣。C 语言是传统的计算机编程入门语言，但学生学得并不轻松，不少学生学完 C 语言既不会运用，也没有兴趣，有的非计算机专业的学生甚至因为 C 语言对计算机编程产生畏惧心理。因此，宜将 Python 作为入门语言，让学生轻松入门并快速进入应用开发。有了 Python 这个基础，再学习面向对象程序设计语言 C++ 或 JAVA，就可以触类旁通。

（二）数据结构与算法

作者认为，计算机程序设计 = 数据结构 + 算法。因此，在学习编程语言的同时或之后，宜选用与入门语言对应的教材。比如，入门语言选 Python 的话，数据结构与算法的教材最好也是 Python 描述。

（三）编程环境

首先，编程环境要尽量友好，简单易用，所见即所得，无须进行大量烦琐的环境配置工作。对于学生而言，像 JAVA 那样需要做大量环境配置不是一件容易的事。其次，编程环境要集成度高，一个环境下可以完成整个编程周期的所有工作。再次，编程环境要能够提供跨平台和多编程语言支持。最后，编程环境应提供大量常用的开发包支持。Anaconda 就是这样的一个编程环境，它拥有超过 450 万用户和超过 1000 个数据科学的软件开发包。Anaconda 以 Python 为核心，提供了 Jupyter Notebook 这样功能强大的交互式文档工具，代码及其运行结果、文本注释、公式、绘图都可以包含在一个文档里，而且可以随时更新。GitHub 上有很多有趣的开源 Jupyter Notebook 项目示例，可供大家学习 Python 时参考。

（四）案例教学

传统的计算机程序设计教材和课堂教学过多偏重介绍编程语言的语法，既使课堂陷入枯燥，又让学生找不到感觉。因此，作者提倡案例教学，即教师在课堂上尽可能结合实际项目来开展教学。教学案例既可以来自教师自己的研发项目，也可以来自网络的开源项目。案例教学的好处在于，学生容易理论联系实际，缩短课本与实际研发的距离。

（五）大作业

实验上机除了常规的基本知识的操作练习外，还应安排至少一个大作业。大作业可以是小组（如 3 名同学）共同完成。这样不但可以锻炼学生学以致用的能力、提升学生学习的成就感，还可以让学生的团队精神和管理能力得到提高，可谓一举多得。大作业的任务应该尽可能来自各领域的实际问题和需求，如果能拿到实际数据更好。

综上，人工智能时代的新需求要求我们探索计算机程序设计新的教学内容和教学形式。唯有与时俱进、不断创新，才能使高职的计算机程序设计教学达到更好的教学效果，才能培养出适应各行各业新需求的研发人才。

第十章 云技术与计算机教学的发展

第一节 云技术教学

一、云技术教学的必要性

（一）缺乏云计算人才

随着移动互联网和云计算的快速发展，云计算领域的人才极为稀缺。许多知名企业都明确表达了对计算机人才的强烈需求。在中国，高职云计算行业起步较晚，云计算人才极为匮乏，远远不能满足市场需求。毕业生可以进入云计算和移动互联网领域的知名企业，从事云或移动终端的研究和开发。此外，从云计算市场的规模和发展速度来看，市场也迫切需要云计算专业人士。

（二）国内外教育发展的要求

云计算专业早在 2006 年就已在美国的一些大学成立。谷歌是云计算技术的创始者之一，于 2006 年在美国推出了 Google101 计划。该计划主要目的是培养大量的云计算人才，其课程体系在大学中很快流行。华盛顿大学、加州大学、斯坦福大学、麻省理工学院、卡内基梅隆大学和马里兰大学首先加入该计划，设立与云计算相关的专业。

2010 年 8 月 14 日，北京航空航天大学软件学院正式设立移动云计算软件工程硕士学位，这也是中国第一个移动云计算软件工程硕士相关的专业。在教育部和相关机构的大力推动下，清华大学、北京大学、复旦大学、南开大学、浙江大学、上海交通大学、西安交通大学、北京理工大学、北京邮电大学、华北电力大学、华南理工大学等 50 多所国内大学也开设了云计算专业。

二、云计算教学的形式

高职云计算教学可以分三个层次进行，有条件的高职可以开设云计算专业，或者在计算机相关专业中添加云计算方向，没有条件的高职可以开设云计算课程，讲解计算知识，引导学生进行云计算学习。

（一）开设云计算专业

对于综合性高职，特别是具有较强计算机实力的理工科院校，可以增加云计算专业，系统地对学生进行云计算教育，培养适合业务需求的专业云计算人才。云计算专业的学生将学习云计算、移动开发、软件服务、软件工程相关理论和技术，并参与至少一种商业应用软件服务产品的设计和开发。旨在通过对云计算服务器和各种终端技术开发能力的提升，培养移动项目管理方面的实用工程师和高端人才。

目前，中国已有大学在硕士层面开设云计算专业。北京航空航天大学是一所多学科、开放性的研究型大学。它的软件学院在多方机构的支持下，开设了国内第一个移动云计算软件工程硕士学位，努力成为中国移动应用开发领域的领先者。

（二）增设云计算发展方向

没有条件设置云计算专业的理工类高职，可以在计算机相关专业设置云计算方向。学生掌握计算机基础理论和专业知识后，将学习一些云计算课程，引导学生向云计算方向发展，培养云计算能力。移动云计算的培养目标是学生系统地研究云计算、移动开发、软件服务、软件工程的相关理论和技术，成长为云计算服务端和各种各样终端技术开发能力的实际工程项目管理人才。学生毕业前，完成至少一个商业级应用软件服务产品的设计和开发。

（三）开设云计算课程

没有条件建立云计算方向的高职，针对主修计算机专业课程的学生开设云计算课程，普及云计算的基本知识，了解云计算的历史和发展；熟知云计算的几种模式；掌握云计算平台建设的技术；可以对云计算系统地进行基本维护。

（四）搭建云计算实验平台

具备一定条件的学校和科研机构可以采用开源免费软件开发适应自己的云

计算平台，条件不成熟的高职教学可以通过购买的方式建立云计算实验平台，从而更好地满足基础云计算教学任务的需求。

第二节　云技术环境下的计算机教学

一、云计算在计算机教学中的重要性

（一）可以实现教学资源的共享

教育资源共享网络可以建立三个基本的结构，管理员可以利用云技术对这三个结构进行管理，管理员在管理系统时也只需要在后台的终端管理机上进行操作即可，这样大大提高了管理员的办事效率。通过一个比较集中的管理网络，利用云技术共享的最大特点，对教育资源进行共享。同时，因为云技术的资源是非常丰富和新鲜及时的，所以能更大程度地加大资源共享。

（二）有利于建立一个统一的教学资源库

通过对共享网络中所有的资源进行整合，利用云技术共享的基本特征，能建立起一个统一的教学资源库。计算机数字教学系统本来就是一个教学的工具，而学校安装数字教学系统的目的是方便教学，提高学生的学习积极性和自主性。教学资源库的建立能方便管理员对资源的查找和使用，根据教学资源库，也能更快地找出所需的资源，然后对资源进行共享。当教师或学生需要了解某一知识时，只需通过在拥有云技术的数字教学系统中进行搜索，就能查到自己所需的内容。运用教学资源库，也将大幅提升教师的工作效率，方便教学，并能使学生的自主学习性提高。

（三）可以使教学模式更加多样化

云技术对接入方式的要求不高，只要身边有网络，无论是手机还是平板，都能使用；而且接入的方式也多种多样，只要你身边有一台能连接网络的终端设备，就能使用云技术将资源共享，并且同一个教育终端能同时供多个人使用。现在大多数学校都采取大型开放式网络教学课程，而这种新的教学方式省去了传统教学中需要携带课本和备课 U 盘的的麻烦，使教学变得更加具有趣味性。大型开放式网络课程的运用，能让学生自由支配自己的学习时间，还能使学习的场地不仅仅局限于教室。同时，云技术对于计算机硬件的要求也不高，这些优点能让云技术被更多的人所熟知，并且真正运用到教学中去。

（四）可以提供一个高效、方便的教学平台

因为云技术具有大量的存储空间，老师可以把教学备案、备课课件、教学管理以及学生的成绩管理存储到装有云技术的设备中；学生可以把老师平常布置的作业上传到云技术计算机教学系统中；老师还能通过这个平台对学生的作业进行批改和参考，并且对作业进行评价。同时，学生能通过这个系统对老师的教学进行评价，老师也能通过云技术教学系统的后台对学生学习时间的峰值和作业完成情况进行查看，根据这些数据对学生进行了解和评估，并且针对各个学生的情况进行教学策略的调整。

二、云计算在计算机教学中的应用

（一）激发学生自主能动性

以百度云服务为例，教师可以使用百度云服务平台收集文本、附件、日历、视频、音乐等各种信息，并通过注册账号快速创建团队网站。云计算具有丰富的应用资源，操作过程简单方便，具有很高的可扩展性和灵活性，是一个网页服务器、数据库。教师通过对学生的科学指导，可以明确教学目标，之后根据教学目标从百度云中找出所需的各种资源。学生根据实际情况，可以自由选择学习内容、学习时间和学习方法，并进行科学管理。对学生来说，学生根据自己的学习条件，客观真实地将学习内容记录到系统日志库中，为后期信息反馈工作提供理论依据。教师可以根据学生在系统日志中记录的内容，找出学生的学习模式和学习特点，明确学生存在的不足和问题，并对学生在学习中的利弊做出相应的评估，为每个学生制订配套的教学计划，实施个性化教学。利用云计算技术开展计算机基础教学活动，可以提高学生的认知能力和可接受性，缩短学生的学习时间，优化学习空间，更好地培养学生的创新能力。

（二）提高学生实际应用能力

利用云计算技术在网络平台上构建虚拟社区，学生可以在虚拟平台上进行交流和讨论，并进行相应的互动和练习，节省学生的学习时间和扩大学生的学习空间。学生可以使用虚拟社区以各种方式与同学和老师进行交流和沟通，以

获得他人的帮助。首先，学生在学习虚拟设计的计算机基础知识时，应提出自己的疑问和困惑，社区里的其他学生根据他们的实际能力做出反应；然后，教师仔细检查学生的互动内容，对学生进行详细而真实的理解，准确评价学生的反应，提高教学质量和教学效率。

（三）综合评价学生

教师应利用云计算技术，通过虚拟化将教师教学与学生学习联系起来，对学生进行科学准确的评价，实施教学改革。教师可以通过云计算平台免费建立网站，无需任何维护成本。他们只需要根据信息化教学的要求和标准，整合计算机教学资源，为学生提供全面、系统的学习材料，使学生能够随时随地开展学习活动，充分突破传统教学时间及空间的局限性。

三、云技术在计算机教学中存在的问题及对策

（一）存在问题

云技术在计算机教学中存在的问题归结起来主要有以下几个方面：

第一，教学资源配置不平衡。目前，基于云计算的信息技术教育教学平台建设普遍集中在北京、上海、广州等经济发展水平高、教育水平高、教育资源丰富的地区。尽管云计算已经开始在其他领域得到应用，但经常被用于名校。此外，在经济欠发达地区和低知名度的学校，运用云计算的教育和教学资源非常稀缺。

第二，教学资源更新成本高，更新速度慢。云计算作为信息时代发展的产物，必须根据计算机技术在实际应用中的发展不断更新。云计算在计算机教育教学中的应用也必须配备相应的计算机设备和实验室，一次性投资成本大，更新速度快，给学校带来经济压力。

第三，标准应用与实现方法不统一。云计算在计算机教育教学中的应用还没有统一的标准和实现方法。目前，我国对云计算教育平台的研究和开发更多地侧重于理论教育，而实践教育平台的建设严重不足。因此，云计算教育教学平台应有效实现教育资源的整合与开发，在现有资源的基础上对资源进行再开发与构建，实现资源的高效利用，同时与云计算有效整合与发展。

第四，教学方法不科学。当前，我们必须适应社会发展的需要，中国的计

算机教学方法也必须尽快更新。在传统的教学方法下，大部分计算机教学操作课程的步骤都是由计算机教师安排的，根据计算机教师的要求，学生在规定的时间内完成计算机操作的步骤。然而，在大数据时代，完成规定时间的任务并不是社会对计算机专业人才的需求，社会需要计算机专业人员将他们所掌握的实践能力和理论知识结合起来解决问题。

第五，实验教学不完善。在目前的实验教学背景下，对于云计算和大数据的实验教学，我国计算机教学还处于熟悉和探索的阶段。由于学生对云计算平台的理解不够全面，对云计算平台的掌握程度受到很大的限制，计算机教学的结果也受到了负面影响。实验教学不够完善，不符合社会发展的需要，教学过程中经常出现脱节现象，这阻碍了我国学生计算机水平的快速提高。

（二）对策

云计算在信息技术教育中的应用是未来教育改革和教育现代化的必然趋势。因此，教育教学机构必须有效地分析教育教学中云计算应用的实际情况，采取有效的措施来实现云计算教学，使其成为信息技术教育教学中不可或缺的辅助教学手段。

第一，加强统筹规划，有效配置教育教学资源。政府和相关管理机构必须根据当前形势对云计算进行总体建设规划，结合不同地区、不同教育机构的实际情况，制订实现教学资源有效配置的总体实施方案，避免云计算教育教学使用中的边缘化问题。

第二，加强云计算信息技术教育与企业研发的合作。这样，企业就可以为云计算提供足够的资金，完成机器和相关设备的更新，也可以首先在教学机构中测试新开发的云计算教育平台；而云教学机构可以为企业研发合作提供科研教学平台，实现人才与科研资源共享，有效解决教育教学经费不足的问题。

第三，加强云计算环境建设，统一实施设计标准和方法。针对各地教学水平发展不平衡的情况，相关的管理机构可根据不同地区的发展情况，实施"划片建设"，加强云计算环境建设，实现我国高校云计算信息技术教育与教学统一标准的建立。

第三节 云计算在计算机教学中的创新应用

近些年来，教育工作人员为了尽可能地提高教学质量，促进教学改革，开始在课堂教学中使用计算机海量的存储以及快速的计算等功能，因此，计算机辅助教学（CAI）逐渐走进了多媒体教学领域。云计算技术进入教育领域之后，也带来了一个新的概念——云计算辅助教学，这是一个信息学与教育学交叉的新的课题，也是教育技术的一个新的发展方向，其核心理念是基于云计算技术的信息化教学系统设计。

一、传统的计算机辅助教学

传统的计算机辅助教学指的是教学工作人员借助计算机相关的功能及特点，有效结合教学环节和计算机多媒体技术，通过人机交互，激发学生的积极性和主动性，进而帮助学生更好地完成学习计划。

随着计算机和互联网的普及，人们越来越希望计算机可以更好地服务于人们的生活及学习，而不仅仅是进行一些简单的操作。对于学校来说，如何让计算机发挥更大的作用是当前迫切需要解决的问题，而早期的计算机辅助教学模式似乎已经陷入了一个瓶颈，所以现在急需一种新的教学模式来为现代教学注入新的活力。

二、基于云计算的计算机辅助教学

云计算辅助教学是指学校和教师利用云计算技术提供的便利服务，构建个性化、信息化的教学环境，支持教师教学和学生课程学习，提高学生的抽象思维能力和团队精神，提高教育质量。即借用云计算的资源共享功能和无限存储的便利条件实现信息化教学。

传统的计算机多媒体教学只是一种简单的教学手段，而云计算辅助教学则是教育理念的升华。随着计算机技术的不断发展，云教育时代已经到来，实时在线、方便、个性化的教学方法将成为主导，我们研究教育技术的目的是更好地将创新技术在教育教学中推广开来。在如今加强教育信息化的进程中，云计算技术的研究已经迫在眉睫，云计算技术的发展将推动我国教育信息资源迈上新的高度，基于云计算技术的教育资源服务也定将成为这个时代主流的教学方法。目前，已经有很多云计算辅助教学平台可以让教师轻松地进行课堂教学。

随着计算机技术的不断发展和普及，教育技术领域增加了计算机辅助教学以及云计算辅助教学。对于云计算辅助教学来讲，主要依靠云计算服务环境，利用虚拟技术在云平台上进行相关的教学设计，实现教学系统的信息化。云计算信息技术和社会化服务在教学设计中的应用有助于节省学校教学费用，降低人力和计算机服务器等设备的投入成本；有助于提高学校教育信息的安全性，便于管理；学生也可以更灵活地学习计算机知识，从而提高学生的思维能力。目前，世界上很多高职都非常重视云计算辅助教学系统的设计和开发，一些IT网站也设计了云教学平台。与传统的计算机辅助教学平台相比，云计算辅助教学平台具有以下优势：

第一，教学更方便、更快捷。由于传统的计算机辅助教学具有地域限制，如果离开学校则不能使用。但是，云计算辅助教学是基于云计算技术，充分利用网络的优势，学习者可以轻松获得所需的教学资源。

第二，更高的资源共享。云计算技术是一种依赖虚拟技术的新兴技术。通过云计算辅助教学，所有的学习者都可以成为资源的共享者，在学习过程中，学习者可以分享他们的笔记、学习经历、教育资源等，通过云计算平台，可以充分利用有限资源。例如，在我国的教育信息化过程中，建立了校校通，以帮助学校共享教学资源。

第三，更强的经济性。在云计算辅助教学的早期阶段，用户只需要租用存储空间和软件许授权，而不需要购买单独的设备和软件，这大大减少了资金投入。从中期来看，云计算平台还将提供数据安全保护，这也减少了对数据维护的投资。

三、云计算辅助教学平台的设计

以计算机应用基础为例，在遵循明确教学目标和做好教学反馈这两个教学原则的基础上，构建计算机辅助教学平台。在设定教学目标时，应充分学习计算机应用教材和教学大纲，设计教学方法，划分学习模块，丰富软硬件学习资源，评价学生完成学习任务后所完成的计算机应用相关作品。设计的具体功能模块如下：

（一）部分功能

论坛功能主要为师生提供一个平台，使他们可以在平台上进行计算机应用的交流和沟通，记录师生平台登录、停留时间等信息。资源库功能主要是师生之间的学习资料共享，教师上传计算机应用基础课程视频和 PPT 课件，学生可以自由地下载，学生也可以展示自己的作品。

（二）前期准备模块

在论坛中，老师引导学生自由组合成计算机学习小组。每个组都可以有一个个性化的名称。建立小组后，选择小组组长，然后由小组组长领导小组执行计算机任务。此外，每个小组组长在小组名称下命名各自的数据库，小组成员可以自由下载或上传学习材料。

（三）合作学习模块

该学习模块可分为三个学习阶段。在第一阶段，通过即时通信，小组成员可以同步或异步学习，为更好地完成学习任务，小组组长组织成员定期讨论。在任务的每个阶段，学习成果应该在小组中显示和分享，每个成员都可以自由发言并提出自己的意见。如果成员一致通过，可以将此阶段的学习成果上传到计算机课程的学习平台，供教师和其他学生查阅。教师应根据每个小组在每个阶段完成的学习任务，及时提供反馈和有效指导，每个小组应根据教师的建议再次完善自己的学习成果。这一阶段涉及学生整合和扩展知识的能力，教师要密切关注每个小组的学习动态，及时梳理小组讨论中备受争议的焦点，对做出突出贡献的学生表示赞赏，并对态度不端正的学生给予鼓励和监督。在第二阶段，每个小组组长带领小组成员总结第一阶段的学习情况，并形成第一阶段的学习日志。内容可以包括从一开始就搜索材料的过程，小组成员在学习过程中讨论的关键点、重难点和争议点，或者是老师给小组学习的建议和指导，以及在这个学习阶段每个小组成员的自我评估和改进方向。在第三阶段，教师和学生将根据学习结果评估，选择最佳作品，并将作品上传到资源数据库，以便学生可以分享他们的学习。对于最佳作品教师予以奖励，鼓励他们更努力地学习，创造更好的作品。此外，教师组织学生定期进行测试，将测试结果纳入学生最终成绩的评估中，并引导学生了解他们的学习情况，及时做出调整，以便更好地进入下一阶段的学习。

（四）整合拓展模块

在教师的指导下，各小组应整合和拓展知识，加强知识的运用，弘扬合作精神。教师应在合理的时间在平台上发布统一的试卷，学生应参加考试，检查学习成绩。教师可以在线检查学生的作业，及时了解学生的学习情况和水平，让学生在考试模块中进行在线考试，及时让学生发现自身的问题并改正，提高学习质量。

云计算辅助教学是目前相对前沿的信息教育技术，是一门技术含量高、发展潜力大的新兴学科。近年来，国外教育机构进行了大量的实践和应用研究；目前，我国对云计算技术的研究，特别是云计算辅助教学的研究，仍处于发展阶段。现如今世界各国都主张发展低碳经济，大力发展低碳教育可以满足经济社会发展的需要。根据国家中长期教育改革和发展规划纲要，未来中国教育信息化进程将大大加快，数字化教育服务体系将逐步覆盖城乡各级学校，将会呈现出一个更加开放和灵活的公共教育资源服务平台。云计算辅助教学具有低碳高效的特点，因此也必将在推动教育信息化进程中发挥重要作用。

参考文献

[1] 唐哲卿. 基于计算机技术的高职内部教学质量保障体系设计与实施 [J]. 中国信息化，2024，（04）：48-50.

[2] 戴香玉. 高职计算机类专业线上实践教学模式研究 [J]. 电脑与信息技术，2024，32（02）：98-102.

[3] 田永晔. 新时代"三教"改革背景下基于职业能力的高职院校计算机课程教学改革 [J]. 现代职业教育，2024，（11）：124-127.

[4] 江荣娜. 新媒体视域下高职计算机应用技术专业教学改革路径探究 [J]. 新闻研究导刊，2024，15（07）：126-128.

[5] 杨顺弟. 基于混合教学的高职计算机应用技术专业教学创新路径探讨 [J]. 科技风，2024，（09）：81-83.

[6] 沈安琴. 基于互联网的高职英语翻译教学模式构建研究 [J]. 英语广场，2024，（09）：115-118.

[7] 余琳晥. 高职计算机教学中学生创新能力培养的策略探究 [J]. 福建轻纺，2024，（03）：84-87.

[8] 李彩虹. 基于"互联网＋移动终端"的高职计算机网络教学研究 [J]. 互联网周刊，2024，（06）：88-90.

[9] 林峰. 人工智能技术对高职计算机类专业教学的影响 [J]. 武汉工程职业技术学院学报，2024，36（01）：92-95.

[10] 李家声. 新时代高职院校计算机教学改革路径探究 [J]. 信息系统工程，2024，（03）：150-153.

[11] 杨顺弟. 虚拟机技术在高职计算机网络安全教学中的应用 [J]. 网络安

全技术与应用，2024，（03）：78-80.

[12] 廖淑琴 . 虚拟现实与增强现实在高职计算机互联网教学中的创新应用 [J]. 电脑知识与技术，2024，20（07）：140-142.

[13] 刘松，潘维，李娜，等 . 高职院校计算机应用技术专业综合性课程设计教改研究——"专创融合"视域下 [J]. 现代商贸工业，2024，45（06）：264-265.

[14] 万腾 . 基于 ChatGPT 的高职计算机软件专业教学改革方案研究 [J]. 电脑知识与技术，2024，20（06）：21-23+26.

[15] 肖瑶星 . 数字化改造背景下的高职教学改革——以局域网部署与实施课程为例 [J]. 电脑知识与技术，2024，20（03）：154-156.

[16] 栗小婧 . 项目教学法在高职计算机课程教学中的应用分析 [J]. 数字通信世界，2024，（01）：185-187.

[17] 李红岩，陈继莹 . 基于 BOPPPS 模型的高职计算机专业混合式教学研究 [J]. 科技经济市场，2024，（01）：122-124.

[18] 张进军 . 高职计算机公共课程多媒体教学资源共享方法的设计与分析 [J]. 电脑知识与技术，2024，20（02）：132-134.

[19] 姜艳 . 医学高职院校计算机应用基础课程思政实践探讨——以山东医学高等专科学校为例 [J]. 山东开放大学学报，2024，（01）：37-41.

[20] 潘晓梅 . 虚拟机技术在高职计算机网络安全教学中的作用及应用 [J]. 网络安全技术与应用，2024，（01）：96-98.

[21] 张微 . 高职院校 C 语言设计课程教学改革与实践创新研究 [J]. 中国集成电路，2023，32（03）：18-21.

[22] 张瑞群 . 高职计算机应用基础课程的教学实践创新研究 [J]. 电脑知识与技术，2022，18（36）：169-171.

[23] 谢中梅，孔外平，李琳 . 计算机应用与数据分析 + 人工智能 [M]. 北京：电子工业出版社，2021.

[24] 潘鹏飞，张豪.计算机专业创新能力的教学实践 [J].电子技术，2020，49（06）：68-69.

[25] 张家文，高鹰，羊炳光."以赛促学·以赛促教"视域下高职计算机教学的创新实践 [J].数码世界，2019，（11）：210.

[26] 景红娜，闫学娜，张继蕾.计算机应用基础教学改革与实践 [J].中国教育技术装备，2019，（09）：74-76+85.

[27] 李群维.高职院校《计算机基础》教学创新的方法探索 [J].计算机产品与流通，2019，（03）：253+276.

[28] 康瑞锋.计算机应用基础 [M].南京：东南大学出版社，2017.

[29] 郑燕逵，黄萍.高职计算机创新创业特色班的教学实践与反思 [J].时代教育，2017，（05）：219+224.

[30] 费世荣，宋长华.在高职计算机教学中培养学生的创新能力 [J].现代职业教育，2016，（25）：132.

[31] 李豫诚.计算机基础教程 [M].重庆：重庆大学出版社，2016.

[32] 马景峰.短视频辅助高职计算机操作演示教学的创新与实践 [J].当代教育实践与教学研究，2015，（11）：26-27.

[33] 周巍，陈苏红，孙锐，等.大学计算机基础 [M].重庆：重庆大学出版社，2015.

[34] 吴琳.计算机基础教学创新与实践 [J].电子商务，2014，（11）：91+94.

[35] 辛秀.高职院校 C 语言合作学习的教学实践与反思 [D].辽宁师范大学，2012.

[36] 古吉虎.基于开源软件的高职网络教学平台的研究与实践 [D].广西师范学院，2012.

[37] 王谨，任心燕，王海珊，等.成人高职计算机专业构建实践课程体系的探索 [J].北京宣武红旗业余大学学报，2011，（04）：35-37.

[38] 董蕾蕾 . 高职计算机教学方法的探究——从教学方法谈实践和创新能力的培养 [J]. 网络财富，2010，（17）：112-113.

[39] 吴荣森 . 任务驱动教学法在高职计算机专业教学中的实践 [J]. 丽水学院学报，2007，（05）：111-114.

[40] 马巧娥，闫红军，杨冬梅 . 高职教育中计算机基础课程教学改革与实践 [J]. 杨凌职业技术学院学报，2005，（02）：72-74.